JN065679

食料・農業の深層と針路

～グローバル化の脅威・教訓から～

Suzuki Nobuhiro
鈴木 宣弘

創森社

食・農・地域の再生と持続的発展～序に代えて～

食料は国民の命を守る安全保障の要(かなめ)なのに、日本には、そのための国家戦略が欠如しており、自動車などの輸出を伸ばすために、農業を犠牲にするという短絡的な政策が採られてきた。農業を過保護だと国民に刷り込み、農業政策の是非を議論しようとすると、「農業保護はやめろ」という議論に矮小化して批判されてきた。

農業を生贄にする展開を進めやすくするには、農業は過保護に守られて弱くなったのだから、規制改革や貿易自由化というショック療法が必要だ、という印象を国民に刷り込むのが都合がよい。この取り組みは長年メディアを総動員して続けられ、残念ながら成功してしまっている。しかし、実態は、日本農業は世界的に見ても最も保護水準が低い。

保護をやめれば自給率が上がるかのような議論がある。日本農業が過保護だから自給率が下がった、耕作放棄が増えた、高齢化が進んだ、というのは間違いである。過保護なら、もっと所得が増えて生産が増えているはずだ。

逆に、米国は競争力があるから輸出国になっているのではない。多い年には穀物輸出補助だけで１兆円も使う。コストは高くても、自給は当たり前、いかに増産して世界をコントロールするか、という徹底した食料戦略で輸出国になっている。つまり、一般に言われている「日本＝過保護で衰退、欧米＝競争で発展」というのは、むしろ逆である。

日本の農業が過保護だからTPP（環太平洋連携協定）などのショック療法で競争にさらせば強くなって輸出産業になるというのは、そもそもの前提条件が間違っているから、そんなつもりでいたら、最後の砦まで失って、息の根を止められてしまいかねない。コロナ・ショックを機に、早くに関税撤廃したトウモロコシ、大豆の自給率が、０％、７％になっていることを、もう一度直視する必要がある。

農業政策を意図的に農家保護政策に矮小化して批判している場合ではない。客観的データで農業過保護論の間違いを国民が確認し、諸外国のように国民の命と地域の暮らしを守る真の安全保障政策としての食料の国家戦略を確立する必要がある。

強い農業とは何か。規模の拡大を図り、コストダウンに努めることは重要だが、それだけでは日本の土地条件の制約の下では、オーストラリアや米国に一ひねりで負けてしまう。少々高いけれども、徹底的に物が違うからあなたの作る物しか食べたくない、というぐらいの人がいてくれることが重要だ。そういうホンモノを提供する生産者とそれを理解する消費者との絆、ネットワークこそが真に強い農業ではないか。

結局、安さを求めて、国内農家の時給が1000円に満たないような「しわ寄せ」を続け、海外から安いものが入ればいい、という方向を進めることで、国内生産が縮小することは、ごく一部の企業が儲かる農業を実現したとしても、国民全体の命や健康、そして環境のリスクはむしろ増大してしまう。

スイスの卵は国産１個60～80円もする。輸入品の何倍もしても、それでも国産の卵のほうが売れていた（筆者も見てきた)。小学生くらいの女の子が買っていたので、聞いた人（元ＮＨＫの倉石久壽氏）がいた。その子は「これを買うことで生産者の皆さんの生活も支えられ、そのおかげで私たちの生活も成り立つのだから、当たり前でしょう」と、いとも簡単に答えたという。そこでのキーワードは、ナチュラル、オーガニック、アニマル・ウェルフェア（動物福祉＝快適性に配慮した家畜の飼育管理)、バイオダイバーシティ（生物多様性)、そして美しい景観である。

スイスで１個60～80円もする国産の卵の方が売れている原動力は、消費者サイドが食品流通の５割以上のシェアを持つ生協に結集して、農協なども通じて生産者サイドに働きかけ、ホンモノの基準を設定・認証して健康、環境、動物愛護（動物福祉法によってケージ飼いは許可されていない)、生物多様性、景観に配慮した生産を促進し、できた農産物に込められた多様な価値を価格に反映して消費者が支えていくという強固なネットワークを形成できていることにある。

そして、価格に反映しきれない部分は、全体で集めた税金から対価を補填する。これは保護ではなく、様々な安全保障を担っていることへの正当な対価である。それが農業政策である。農家にも最大限の努力はしてもらうのは当然だが、それを正当な価格形成と追加的な補填（直接支払い）で、全体として、作る人、加工する人、流通する人、消費する人、すべてが持続できる社会システムを構築する必要がある。

政策の実現目標として掲げられたカロリーベースで45%という数字はあるが、いまや38%まで下がり、そこから上がる見込みも上げる努力の気配も感じられず、食料自給率という言葉さえ、死語になったかのように使われなくなってきている。

我々は原発でも思い知らされた。目先のコストの安さに目を奪われて、いざというときの準備をしていなかったら、取り返しのつかないコストになる。食料がまさにそうである。普段のコストが少々高くても、オーストラリアや米国から輸入した方が安いからといって国内生産をやめてしまったら、輸出規制など不測の事態で食料危機に陥る。お金を払えば調達できるとの考えは非常識で世界で通用しない。

不測の事態に備えるためには、普段のコストが少々高くてもちゃんと自分のところで頑張っている人たちを支えていくことこそが、実は長期的にはコストが安いということを強く再認識すべきである。

食料・農業政策は国民の命を守る真の安全保障政策である。こうした大命題を基に本書から、国際化、グローバル化の歪みに貶（おとし）められることなく食・農・地域の再生と持続的発展を探るうえでの手がかりをつかんでいただくことができれば幸いである。

2021年 3月　　　　鈴木 宣弘

•ＭＥＭＯ•

◆登場する方々の名前は、図表の出所箇所を含め、所属、敬称ともに略する場合がある。

◆英字略語は、略語初出箇所、および略語脇の（　）内、注釈などで解説。

◆本文は主に１章、３～６章では「生鮮ＥＤＩ」第１号～６号、２章では「時の法令」№2026、2028、2030、2048、2078、2090、2100の掲載分を整理し、これに2021年早稲田大学公開講座冬学期配布資料などの中から抜粋して加えたり、新たに補筆したりして創森社の責任編集によりまとめたものである。

◆年号は西暦を基本とし、必要に応じて和暦を併記している。

グレープフルーツなど輸入柑橘類の荷揚げ

安全基準に逆走するリスク農産物輸入増

■

過度な自由貿易拡大によって「危ない食品」の標的に

輸入食料にも、ますますの安さが追求されているが、その裏で安全性のコストが削られているのであれば、一層の貿易自由化の進む中、安全・安心な国産農水産物の縮小と、安いが不安な輸入食料への依存が加速される。このような流れを助長することが、国民の命と健康を守るはずの食料・農業の針路に逆行していないか、立ち止まって考えてみる必要があろう。

そこで、まず畳みかける貿易自由化とその下で増え続ける輸入食料の安全性を中心に、食料の安全性をめぐる現状について情報を共有したい。

成長ホルモン投与牛肉——米国・オーストラリアから

使い分けるオーストラリア

先日、あるセミナーの開会の挨拶で「ヨーロッパでは（医学界で乳がん細胞の増殖因子とされているエストロゲンなどの成長ホルモンが肥育時に投与されている）米国の牛肉は食べずに、オーストラリアの牛肉を食べています」との紹介があったので、そのあとの私の話の中で、次のことを補足させてもらった。「日本では、米国の肉もオーストラリアの肉も同じくらいリスクがあります(ホルモン・フリー表示がないかぎり)。オーストラリアは使い分けて、成長ホルモン使用肉を禁輸しているEU

スーパーマーケット売り場のオーストラリア産牛肉。ホルモン・フリーの表示がないかぎり、成長ホルモンを投与して日本向けに輸出

(欧州連合）に対しては成長ホルモンを投与せず、ザルになっている日本向けには、しっかり投与しています」

米国は米国産牛肉の禁輸を続けるEUに怒り、2019年にも新たな報復関税の発動を表明したが、EUは米国からの脅しに負けずに、ホルモン投与の米国牛肉の禁輸を続けている。そうした中、最近は、米国もオーストラリアのようにEU向けの牛肉には肥育時に成長ホルモンを投与しないようにして輸出しようという動きがあると聞いている。

かたや、日本は国内的には成長ホルモン投与は認可されていないが、輸入（７割近くを輸入牛肉が占めている）については、ごくわずかなモニタリング調査だけで、しかも、サンプルを取ったあとは、そのまま税関を通って市場に出ていくので、実質的には、ほとんど検査なしのザルになっている。だから、オーストラリアのような選択的対応の標的となる。オーストラリアからの輸入牛肉がこういう状態にあることは日本の所管官庁も認めている（筆者が電話で聞き取った)。

米国で敬遠され始めたホルモン投与牛肉

最近、ある女性誌で、「米国国内でも、ホルモン・フリーの商品は通常の牛肉より４割ほど高価になるのだが、これを扱う高級スーパーや飲食店が５年前くらいから急増している」と紹介されている。ホルモン使用で牛肉はそんなにも安くなっているということを知っておきたい。
なお、ニューヨークで暮らす日本人商社マンの話として、「アメリカでは牛肉に『オーガニック』とか『ホルモン・フリー』と表示したものが売られていて、経済的に余裕のある人たちはそれを選んで買うのがもはや常識になっています。自分や家族が病気になっては大変ですからね」と紹介されている。
一方の日本人は、日米貿易協定が2020年1月1日に発効した、その1月だけで前年同月比で1.5倍に米国産が増えるほど、米国の成長ホルモン牛肉に喜んで飛びついている「嘆かわしい」事態が進行している。米国も、米国国内やEU向けはホルモン・フリー化が進み、日本が選択的に「ホルモン」牛肉の仕向け先となりつつある。
また、ラクトパミンという牛や豚のエサに混ぜる成長促進剤にも問題がある。これは人間に直接に中毒症状も起こすとして、ヨーロッパだけではなく中国やロシアでも国内使用と輸入が禁じられている。日本でも国内使用は認可されていないが、輸入は素通りになっている。なおラクトパミンの国際的な安全性はコーデックス委員会（FAOおよびWHOにより設置された国際的な政府間機関。食品の安全基準の策定等を行う）の投票で決まっている。つまり、米国などのロビー活動により「安全性」が買われたことを意味する。

エストロゲン600倍の米国産赤身肉

札幌の医師が調べたら米国の赤身牛肉はエストロゲン（成長ホルモン）が国産の600倍も検出された。日本の牛にも自然にあるが、米国などでは耳ピアス状態で注入する。エストロゲンの効果については、養殖ウナギのエサにごく微量のエストロゲンをたらすだけで、オスのウナギがメス化するといったことも知られている。
成長ホルモンは、消費者を守るために日本では生産には認可されていない。しかしながら、輸入はザルになっている。検査機関は、検査はしたが検出されないので検査をやめたというが、古くて精度が低い機器で

米国産牛肉。ＥＵは成長ホルモン投与牛肉の輸入を禁止しており、日本が有力な仕向け先となりつつある

検査しているため、との情報もある。

牛肉の自給率は４割を切った（豚肉も５割を切った）から、国民のために使えないようにしているのに、６割以上が勝手に入ってきていて国民が摂取していたら何をやっているのかわからない。

EUは米国の牛肉、豚肉は全部ストップしている。勘違いをしているのはオージービーフ、オーストラリアの牛肉を食べればいいと言う消費者である。オーストラリアは使い分けていて、EUは成長ホルモンが入っていたら買ってくれないので使わないが、日本に売るときはOKだから投入している。なんとEUは米国の肉をやめてから７年（1989 ～ 2006）で、多い国では乳がんの死亡率が45％減ったというデータが学会誌に出ている（データではアイスランド▲44.5％、イングランド&ウェールズ▲34.9％、スペイン▲26.8％、ノルウェー▲24.3％、『BMJ』、2010）。

除草剤使用小麦など――多くの食パンから成分検出

米国人が食べないものを日本に送るのか

米国の穀物農家は、日本に送る小麦には、発がん性に加え、腸内細菌を殺してしまうことで様々な疾患を誘発する除草剤成分グリホサートを雑草でなく麦に直接散布して枯らして収穫し、輸送時には、日本では収穫後の散布が禁止されている農薬のイマザリルなど（防カビ剤）を噴霧し、「これは○○（日本人への蔑称）が食べる分だからいいのだ」と言っていた、との証言が、米国へ研修に行っていた日本の農家の複数の方から得られている。ちなみにグリホサートは細胞壁、細胞膜をくぐり抜ける力を持たないので、純粋なグリホサートをかけても植物は枯れさえしない。細胞の中に入れないからである。ラットに与えてもラットにはさほどの健康被害は生まれない。ほとんど通過してしまうからである。

それでは農薬として使えないから、実際に売られているラウンドアップなどには細胞の中に入っていけるように界面活性剤などの添加剤が加えられている。添加剤入りのグリホサートは植物の細胞に入り、植物がアミノ酸を作れなくなって枯れてしまうし、ラウンドアップを農薬の安全性審査と同様に薄めて、ラットに与えるとラットは90日過ぎるあたりから腫瘍ができて、寿命を全うできなくなってしまう。つまり売られている状態で検査すれば間違いなく有害であるのに、農薬の承認プロセスでは純粋な単体で計るので安全とされてしまう（印鑰智哉氏）。

グリホサートについては、日本の農家も使っているではないか、という批判があるが、日本の農家はそれを雑草にかける。それが問題なのではない。農家の皆さんが雑草にかけるときも慎重にする必要はあるが、いま、問題なのは、米国からの輸入穀物に残留したグリホサートを日本人が世界でいちばんたくさん摂取しているという現実である。

農民連食品分析センターの検査によれば、日本で売られているほとんどの食パンからグリホサートが検出されているが、当然ながら、国産や十勝産と書いてある食パンからは検出されていない（**表１－１**）。しかも、米国で使用量が増えているので、日本人の小麦からのグリホサートの摂取限界値を６倍に緩めるよう要請され、2017年12月25日、クリスマス・プレゼントとして緩めた。残念ながら、日本人の命の基準値は米国の必要使用量から計算されるのである。

表1－1　食パンのグリホサート残留調査結果

商品名	ppm
麦のめぐみ全粒粉入り	0.15
ダブルソフト全粒粉	0.18
全粒粉ドーム	0.17
健康志向全粒粉食パン	0.23
ヤマザキダブルソフト	0.10
ヤマザキ超芳醇	0.07
Pasco超熟	0.07
Pasco超熟国産小麦	検出せず
食パン本仕込み	0.07
朝からさっくり食パン	0.08
食パン国産小麦	検出せず
有機食パン	検出せず
十勝小麦の食パン	検出せず
アンパンマンのミニスナック	0.05
アンパンマンのミニスナックバナナ	痕跡

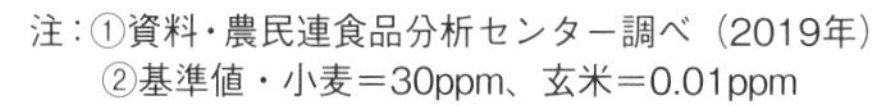
注：①資料・農民連食品分析センター調べ（2019年）
②基準値・小麦＝30ppm、玄米＝0.01ppm

市販の食パンから輸入小麦由来と見られるグリホサート（除草剤成分）が検出されている

ちなみに、2019年産食用小麦（特に消費量の多いパン用強力粉が主力）の約９割が、輸入品で占められている。

輸入穀物由来と見られるグリホサート検出

残留基準値は、使用方法を遵守して農薬を適正に使用した場合の、残留試験の結果に基づき、食品安全委員会の定める一日摂取許容量（ADI: Acceptable Daily Intake）の80％を下回っていることを確認したうえで設定される。

表のppmは小麦からつくった食パンからの検出値で、材料の小麦の基準値とは直接比較はできないが、玄米が0.01ppmであることからすれば、小麦の30ppmという基準値が異常に高いことがわかる。かりに小麦が玄米と同じ0.01ppmであれば、食パンからの検出値はかなり高いとみなしうる。そもそも、ADIの80％を超えない水準として設定されている基準値を米国の要請で一気に６倍にしてしまうことに科学的合理性が保たれているだろうか。６倍にもしたら、ADIの80％を超えてしまうのではないかという疑念が生じる。

また、大豆製品では、Rubioほか（2014）はフィラデルフィアで購入したしょうゆ中のグリホサート分析をし、検査したしょうゆの36％で定量下限より多いグリホサートが検出された。有機しょうゆからグリホサートは検出されなかった（渡部和男、2015）。日本国内のしょうゆについての検査も不可欠と考えられる。日本人の毛髪から輸入穀物由来と見られるグリホサート検出率も高い（19/28人＝68％）。

動画の発言が意味するもの

日本人が標的にされているのではないかと気になる発言がここにもある。YouTubeで公開されている動画の中で、米国穀物協会幹部エリクソン氏は、「小麦は人間が直接口にしますが、トウモロコシと大豆は家畜のエサです。米国の穀物業界としては、きちんと消費者に認知されてから、遺伝子組み換え小麦の生産を始めようと思っているのでしょう」（８分22秒あたり）と述べている。トウモロコシや大豆はメキシコ人や日本人が多く消費することをどう考えているのかがわかる。我々は「家畜」なのだろうか。

また、米国農務省タープルトラ次官補は「実際、日本人は一人当たり、世界で最も多く遺伝子組み換え作物を消費しています」（９分20秒あたりのところ）と述べている。「今さら気にしても遅いでしょう」というニュアンスである。

ＧＭ牛・成長ホルモン投与牛の乳製品――発がんリスク

米国では閉め出されつつあるのに

米国乳製品の安全性も心配である。米国は、M社開発の遺伝子組み換え（GM）牛成長ホルモン（rBGHあるいはrbSTと呼ばれる）、なんとホルスタインへの注射１本で乳量が２～３割も増えるという「夢のようなホルモン」を、絶対安全として1994年に認可した。

ところが、数年後には乳がん、前立腺がん発症率が７倍、４倍と勇気ある研究者が学会誌に発表したので、消費者が動き、今では、米国のスターバックスやウォルマートやダノンでは「うちは使っていません」と宣言せざるを得ない状況になっているのに、認可もされていない日本には素通りしてみんな食べている。米国で締め出されつつある成長ホルモン乳製品が日本に来ていることになる。日米貿易協定でもっと米国乳製品が増えることになりかねない。米国酪農界は第二弾交渉でTPP（環太平洋連携協定）11か国につけられてしまった米国枠の失地回復を強く求めている。

まさに「疑惑のトライアングル」

筆者は、1980年代から、この成長ホルモンを調査しており、約40年前に米国でのインタビュー調査を行ったが、「絶対大丈夫、大丈夫」と認可官庁とM社と試験をしたC大学が、同じテープを何度も聞くような同一の説明ぶりで「とにかく何も問題はない」と大合唱していた。認可官庁とM社は、M社の幹部が認可官庁の幹部に「天上がり」、認可官庁の幹部がM社の幹部に「天下る」というグルグル回る「回転ドア」の人事交流、そして、M社からの巨額の研究費で試験して「大丈夫だ」との結果をC大学の世界的権威の専門家が認可官庁に提出するから、本当に大丈夫かどうかはわからない。筆者は、このような三者の関係を「疑惑のトライアングル」と呼んだ。

日本の酪農・乳業界は、風評被害で自分たちの牛乳も売れなくなると心配して、そっとしておくという対応をやめて、GM牛成長ホルモンについての情報をきちんと伝えるべきである。それが国民の命と健康にかかわる仕事をしている者の当然の使命であるし、自分たちは使用せず、ホンモノを提供しているのだから、それを明確に伝えることは消費者への国産牛乳・乳製品への信頼と消費増大に寄与するはずである。

米国消費者は拒否し、排除

米国では、バーモント州が、その使用を表示義務化しようとしたが、M社の提訴で阻止された。かつ、rbST－free（不使用）の任意表示も、「成分に差がない」（No significant difference has been shown between milk from rBGH/rbST -treated and untreated cows.）との注記をFDA（食品医薬品局）は条件とした。

米国の消費者は、個別表示できなくされても、店として、流通ルートとして「不使用」にしていく流れをつくって安全・安心な牛乳・乳製品の調達を可能にした。M社はrbSTの権利を売却した。このことは、日本の今後の対応についての示唆となる。

消費者が拒否すれば、企業をバックに政治的に操られた「安全」は否定され、危険なものは排除できる。日本はなぜそれができず、世界中から危険な食品の標的とされるのか。消費者・国民の声が小さいからだ。

ポストハーベスト農薬レモンなど――表示の闇と罠

もう一つは収穫後（ポストハーベスト）農薬である。日本では収穫後に防カビ剤などの農薬をかけるのは禁止だが、米国から果物や穀物を運んでくるのにかけないとカビが生えてしまう。

1975年４月、日本側の検査で、米国から輸入されたレモン、グレープフルーツなどの柑橘類から防カビ剤のOPP（オルトフェニルフェノール）が多量に検出されたため、倉庫に保管されていた大量の米国産レモンなどは不合格品として、海洋投棄された。これに対して米国政府は「日本は太平洋をレモン入りカクテルにするつもりか」と憤慨し、日本からの自動車輸出を制限するなど「日米貿易戦争」に発展した。

このため、1977年に、OPPは（収穫前にかけると農薬だが）、収穫後にかけると農薬でなく食品添加物に分類することにして認めた。「自動

輸入グレープフルーツ。イマザリル、ピリメタニル、OPPなどの使用をプレートに表記

米国産レモン。ここでも防カビ剤、防腐剤としてイマザリル、T.B.Z（チアベンダゾール）などの使用を掲示

車輸出の代償として国民の健康を犠牲にした」とも言われた。自動車で脅され、農業・食料を差し出していく構造は今も変わりない。

こんなことまでして認めてあげているのに、米国はまた怒って、食品添加物に分類すると輸入したパッケージにOPPやイマザリルと書かされる。これは不当な米国差別だからやめろと、TPPの交渉過程で日本だけが裏で二国間協議をやらされて、そこで日本は改善を認めてしまっていた。

2013年秋に米国側文書（USTR2014年SPS報告書p.62）で発覚し、当時、政府はそんな約束は断固していないと言ったが、のちに明らかになったTPPの交換公文（サイドレター）にも日本政府がその時点で米国の要求に応えて規制を緩和すると約束したと書いてあった。次は、現在進行中の日米交渉で表示そのものの撤廃が待ち受けていると思われる。

輸入食料による窒素過剰と遺伝子組み換え食品の表示をめぐって

窒素過剰で循環機能が低下

あまり論じられていないが、貿易自由化のリスクの一つに食料輸入と窒素過剰の問題がある。日本の農地が適正に循環できる窒素の限界は124万トンなのに、すでに、その２倍近い238万トンの食料由来の窒素が環境に排出されている。

日本の農業が次第に縮小してきている下で、日本の農地・草地が減って、窒素を循環する機能が低下してきている一方、日本は国内の農地の３倍にも及ぶ農地を海外に借りているようなもので、そこからできた窒素などの栄養分だけ輸入しているから、日本の農業で循環し切れない窒素がどんどん国内の環境に入ってくる結果である。238万トンのうち80万トンが畜産からで、しかも、飼料の80％は輸入に頼っているから、64万トンが輸入のエサによるもので、1.2億人の人間の屎尿からの64万トンの窒素に匹敵する窒素が輸入飼料からもたらされていることになる。

発症リスクの高まりとの因果関係

肥料の三大要素は知られている通り窒素（N）、燐酸（D）、カリ（K）だが、化学肥料の中で最も大量に使われているのは、使った作物の増収効果が大きいとされる窒素。1973年の世界的な異常気象で少量不測が生

図１－１　窒素循環

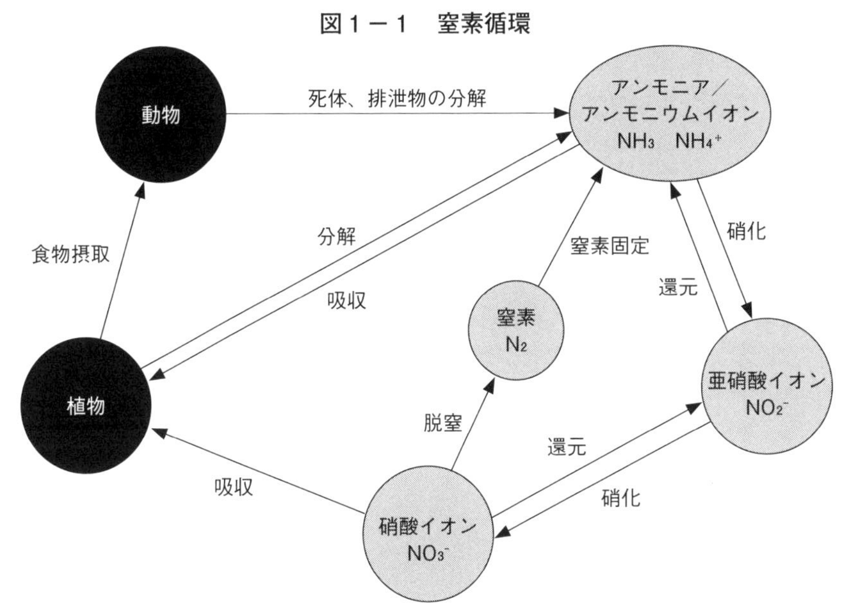

注：①出典・農林水産省HP
　　②自然界の浄化機能を超える窒素分が過剰に排出されると、硝酸態窒素の形で地下水に蓄積されたり、野菜や牧草に過剰に吸い上げられたりする

じ、欧州などで自給率を向上させるため、化学肥料や農薬の投入量を大幅に増やした。そこで、環境や健康への被害が深刻になったのである。

植物と動物、微生物のそれぞれが異なる役割を分担することによって窒素は循環し、地球上の生物はその生命を保つことができるといえる。窒素循環の経路は窒素固定、硝化、および脱窒という作用で構成されている（**図１－１**）。過剰に排出された窒素分は、主に硝酸態窒素の形で水圏に滞留する。

硝酸態窒素として滞留し､人体に悪影響の危惧

窒素は、ひとたび水に入り込むと、取り除くのは莫大なお金をかけても技術的に困難だという点が根本的問題である。下水道処理というのは、猛毒のアンモニアを硝酸態窒素に変換し、その大半は環境に放出されており、けっして硝酸態窒素を取り除いているわけではない。硝酸態窒素の多い水や野菜の摂取は、幼児の酸欠症や消化器系がんの発症リスクの高まりといった形で人間の健康にも深刻な影響を及ぼす可能性が指摘されている。糖尿病、アトピーとの因果関係も疑われている。乳児の酸欠症は欧米では40年以上前からブルーベビー事件として大問題になった。

我が国では、牛が硝酸態窒素の多い牧草を食べて、「ポックリ病」で年間100頭程度死亡している（西尾道徳『農業と環境汚染』農山漁村文化協会、2005年）。我が国では、ホウレンソウの生の裏ごしなどを離乳食として与える時期が遅いから心配ないとされてきた。しかし実は、日本でも、死亡事故には至らなかったが、硝酸態窒素濃度の高い井戸水を沸かして溶いた粉ミルクで乳児が重度の酸欠症状に陥った例が報告されている（田中淳子ほか「井戸水が原因で高度のメトヘモグロビン血症を呈した１新生児例」『小児科臨床』49、1996年）。

乳児の突然死の何割かは、実はこれではなかったかとも疑われ始めている。因果関係は確定していないとの理由で、我が国では野菜には基準値が設けられていないが、乳児の酸欠症との関係は明らかなことを考慮すると、事態を重く受け止める必要があるように思われる。

実は、日本では平均値でホウレンソウ3560ppm、サラダ菜5360ppm、シュンギク4410ppm、ターツァイ5670ppm などの硝酸態窒素濃度の野菜が流通しており、EUが流通を禁じる基準値、約2500ppmをはるかに超えている。また、WHO（世界保健機関）の許容摂取量（ADI）対比で、日本の１～６歳は2.2倍、７～14歳は1.6倍の窒素を摂取している。

生物の多様性と循環への影響

我々の試算では、例えば、一層の自由化が水田農業の崩壊につながったら、国家安全保障上のリスクに加えて、窒素の過剰率は現状の1.9倍から2.7倍まで上昇してしまう可能性がある。他にも失うものは数多くある。①カブトエビ、オタマジャクシ、アキアカネなど多くの生き物が激減し、生物多様性にも大きな影響が出る、②フード・マイレージ（輸送に伴うCO_2の排出）が10倍に増える、③バーチャル・ウォーター（輸入されたコメをかりに日本で作ったとしたら、どれだけの水が必要かという仮想的な水必要量）も22倍になり、水の比較的豊富な日本で水を節約して、すでに水不足が深刻な米国カリフォルニア州やオーストラリアで環境を酷使し、国際的な水需給を逼迫させる、などの可能性を筆者らは試算している。

これらのことは、環境に廃棄されている未利用資源（家畜糞尿、食品加工残さ、生ゴミ、作物残さ、草資源等）を肥料や飼料や燃料として利用する割合を高めることも含め、輸入飼料や化学肥料を減らし、農業が自国で資源循環的に営まれることこそが国民の命を守り、環境を守り、地球全体の持続性を確保できる方向性だということを強く示唆している。これ以上の貿易自由化は、こうした観点からもNOである。もちろん、国産の青果物の窒素過剰の現実を改善するための取り組みの強化も喫緊の課題と認識すべきと思われる。

「遺伝子組み換えでない」の表示をめぐって

2018年３月末に、「消費者の遺伝子組み換え（GM）表示の厳格化を求める声に対応した」として、GM食品の表示厳格化の方向性が消費者庁から示された。米国からは日本にGM表示を認めない方向の圧力が強まると懸念されていた中で、GM表示厳格化を検討するとの発表を聞いたときから、米国からの要請に逆行するような決定が可能なのか、筆者も注目していた。

「遺伝子組み換えでない」は緩い任意表示

特に米国が問題視しているのは「遺伝子組み換えでない」（non-GM）という任意表示である。すなわち、「日本のGM食品に対する義務表示は緩いから、まあよい。問題はnon-GM表示を認めていることだ」と筆者は日本のGM研究の専門家の一人から聞いていた。「GM食品は安全だと世界的に認められているのに、そのような表示を認めるとGMが安全でないかのように消費者を誤認させる誤認表示だからやめるべきだ。続けるならばGMが安全でないという科学的証拠を示せ」という主張である。

日本のGM食品に関する表示義務は、①混入率については、主な原材料（重量で上位３位、重量比５％以上の成分）についての５％以上の混入に対して表示義務(注１)を課し、②対象品目は、加工度の低い、生（ナマ）に近いもの(注２)に限られ、加工度の高い（組み換えDNAが残存しない）油・しょうゆをはじめとする多くの加工食品(注３)、また、遺伝子組み換え飼料による畜産物は除外とされている。これは、0.9％以上の混入があるすべての食品にGM表示を義務付けているEUに比べて、混入率、対象品目ともに極めて緩い。

（注１）GM原材料が分別管理されていないとみなし、「遺伝子組み換え不分別」といった表示が義務となる。

（注２）トウモロコシ、大豆、ジャガイモ、アルファルファ、パパイヤ、コーンスナック菓子、ポップコーン、コーンスターチ、みそ、豆腐、豆乳、納豆、ポテトスナック菓子など。

（注３）サラダ油、植物油、マーガリン、ショートニング、マヨネーズ、しょうゆ、甘味料類（コーンシロップ、液糖、異性化糖、果糖、ブドウ糖、水飴、みりん風調味料など）、コーンフレーク、醸造酢、醸造用アルコール、デキストリン（粘着剤などに使われる多糖類）など。

non-GM表示だけ「不検出」に厳格化

これに対する厳格化として決定された内容を見て、驚いたのは、①②はまったくそのままなのである。厳格化されたのは、「遺伝子組み換えでない」（non-GM）という任意表示についてだけで、現在は５％未満の「意図せざる混入」であれば、「遺伝子組み換えでない」と表示できたのを、「不検出」（実質的に０％）の場合のみにしか表示できないと、そこだけ厳格化したのである。

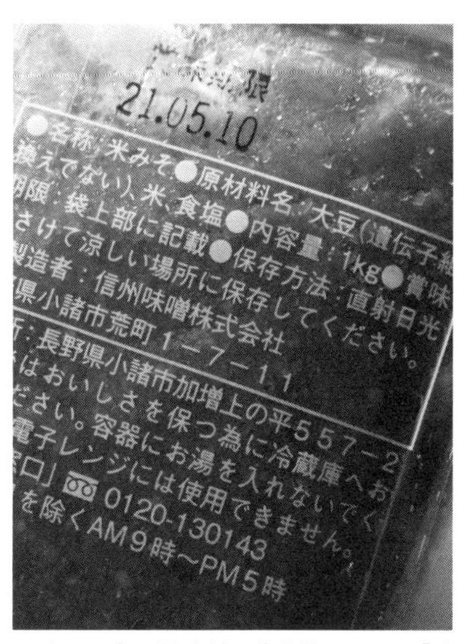

みそは日本の調味料の代表格の一つ。「遺伝子組み換えでない」の表示を続けている

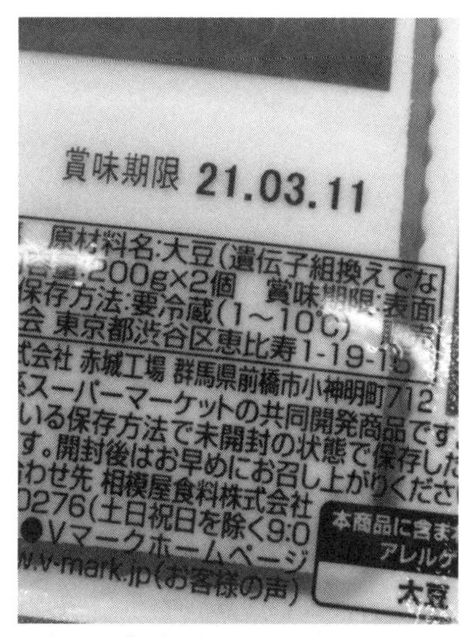

豆腐でも「原材料名；大豆（遺伝子組み換えでない）」が表示されている

この厳格化案が法制化されれば、表示義務の非対象食品が非常に多い中で、可能なかぎりnon-GMの原材料を追求し、それを「遺伝子組み換えでない」と表示して消費者にnon-GM食品を提供しようとしてきたGMとnon-GMの分別管理の努力へのインセンティブ（誘因）が削がれ、小売店の店頭から「遺伝子組み換えでない」表示の食品は一掃されてしまう可能性がある。

例えば、豆腐の原材料欄には、「大豆（遺伝子組み換えでない）」といった表示が多いが、国産大豆を使っていれば、GMでないから、今後も「遺伝子組み換えでない」と表示できそうに思うが、流通業者の多くは輸入大豆も扱っているので、微量混入の可能性は拭えない。

実際、農民連食品分析センターの分析では、「遺伝子組み換えでない」大豆製品26製品のうち11製品は「不検出」だったが、15製品に0.17～0.01％の混入があり、今後、これらは「遺伝子組み換えでない」と表示できなくなる。

消費者の商品選択の幅が挟まることに

「GM原材料の混入を防ぐために分別管理された大豆を使用していますが、GMのものが含まれる可能性があります」といった任意表示は可能としているが、これではわかりづらく、消費者に効果的な表示は難しい。多くの業者が違反の懸念から、表示をやめてしまう可能性もある。

GM表示義務食品の対象を広げないで、かつ、GM表示義務の混入率は緩いままで、このようなnon-GM表示だけ極端に厳格化したら、non-GMに努力している食品がわからなくなり、GM食品ばかりの中から、消費者は何を選べばよいのか。消費者の商品選択の幅は大きく狭まることになり、わからないから、GM食品でも何でも買わざるを得ない状況に追いやられてしまう。

これでは「GM非表示法」である。厳格化といいながら、「日本のGM食品に対する義務表示は緩いから、まあよい。問題はnon-GM表示を認めていることだ。GM食品は安全だと世界的に認められているのに、そのような表示を認めるとGMが安全でないかのように消費者を誤認させる誤認表示だからやめるべきだ。続けるならばGMが安全でないという科学的証拠を示せ」という米国の要求をピッタリ受け入れただけになっているのは偶然だろうか。

米国でのGM表示義務化の攻防

参考までに、米国カリフォルニア州におけるGM作物表示義務化をめぐる攻防について報告しておきたい。

〈2012年10月18日の「SANKEI EXPRESS」〉

米カリフォルニア州で11月６日、店頭での遺伝子組み換え作物の表示義務化をめぐる住民投票が実施される。アメリカはこれまで官民で組み換え作物を推進しており、安全性に問題はないとして表示義務はないが、消費者団体などが投票を提案。

義務化が実現すれば全米初。州法案は、州内で販売される組み換えの野菜や果物、組み換え作物を原料にした加工食品に「遺伝子組み換え」「組み換え原料を使用」などと表示させる。

９月17～23日、南カリフォルニア大などが実施した世論調査では、「賛成」が61％。「反対」の25％を大きく上回った。「反対」の陣営にはモンサントのほか、影響を受けるコカ・コーラ、ケロッグ、クラフト・フーズなど大手食品メーカーがずらり。「組み換え作物は安全なのに、表示は誤解を招く」「製造コストが増えて食料品の価格が上がる」と訴える。

９月下旬からテレビ広告も開始し、巻き返そうと躍起だ。

〈11月７日Food Navigator-USA〉

当初の世論調査では法案支持派が多数を占めていたが、投票日が近づくにつれて反対派との差は徐々に縮まってきていた。投票結果は賛成47％に対して反対が53％となり、法案は否決された。

賛成派が食品に関する消費者の知る権利を主張したのに対し、反対派は無用な訴訟の発生や食料費の増大などを指摘し、大量の資金をつぎ込んで反対キャンペーンを展開してきた。反対派として名を連ねたのはモンサント社、ペプシコ社、クラフト社、ゼネラルミルズ社、デュポン社などの大企業で、宣伝広告やロビー活動に費やされたのは4500万ドルであった。

一方、賛成派のキャンペーン活動はオーガニック食品や自然食品の会社を中心として行われ、広告費は600万～800万ドル程度であったと伝えられている。

なお、ISAAA（国際アグリバイオ事業団）の報告によれば米国の遺伝子組み換え作物の栽培面積は、世界の栽培面積１億9170万ヘクタール（1918年）のうち４割近くにあたる7500万ヘクタール（2018年）となり、世界最大である。大豆、トウモロコシ、ナタネ、テンサイ、アルファルファ、ジャガイモ、カボチャ、パパイヤ、リンゴ、綿など様々な作物を栽培しており、特に大豆、トウモロコシ、綿は94～96％が遺伝子組み換え作物である。

「安い食品で消費者が幸せ」の恐るべき落とし穴

検疫が追いつかず、93%は素通り

今後も安全基準が緩められてしまうという問題だけではなくて、今入ってきている輸入農産物にいかにリスクがあるのかについても、もっと私たちは情報の共有化をしなければいけない深刻な問題である。

検疫でどれだけの農水産物が引っかかっているかを見ると、米国からはアフラトキシン（発がん性の猛毒のカビ）が、イマザリルなどをかけていても、様々な食料品から検出されている（**表１－２**）。それから、ベトナムなどの農産物にはE-coli（大腸菌）が多く検出されたり、あり得ない化学薬品が多く検出されているが、港の検査率は輸入全体のわずか７％程度に落ちてきている。検疫が追いつかず、93%は素通りで食べてしまっているのである。

私の知人が現地の工場を調べに行き、驚愕したことには、かなりの割合の肉や魚が工場搬入時点で腐敗臭がしていたという。日本の企業や商社が、日本人は安いものしか食べないからもっと安くしろと迫るので、切るコストがなくなって安全性のコストをどんどん削って、「どんどん安く、どんどん危なく」なっている。気づいたら安全性のコストを極限まで切り詰めた輸入農水産物に一層依存して、国民の健康が蝕まれていくことになりかねない。

安いものには、必ずワケがある。

表1－2　TPP参加各国などからの輸入食品の主な食品衛生法違反

品目	検出された有害物質	担当検疫所
アメリカ		
アーモンド	アフラトキシン	横浜
生鮮アーモンド	アフラトキシン	東京、福岡、名古屋
果汁入り飲料	大腸菌	成田空港
小粒落花生	アフラトキシン	横浜、神戸、門司、名古屋、仙台
乾燥あんず	亜硫酸ナトリウム	東京
粉末清涼飲料	細菌	成田空港
キャンディー類	ブリリアントブラックBN（着色料）	関西空港
いったピーナッツ	アフラトキシン	成田空港、那覇
とうもろこし	アフラトキシン、ピロ亜硫酸ナトリウム	名古屋、神戸、東京
その他のとうもろこし	アフラトキシン	鹿児島
粉末清涼飲料（粉末ココア）	大腸菌、細菌	東京、成田空港
小麦	異臭、腐敗、変敗、カビ	千葉、名古屋、鹿島、川崎、神戸二課、横浜
ミネラルウォーター	大腸菌	福岡
うるち精米	異臭、変敗、カビ	新潟、小樽
その他のうるち精米	異臭、腐敗、変敗、カビ、固化	門司、大阪
乾燥すもも	ソルビン酸カリウム	神戸
その他の植物性たんぱく	ピロ亜硫酸ナトリウム	名古屋
大豆	異臭、腐敗、カビ	神戸二課
生鮮くるみ	アフラトキシン	東京
亜麻仁油	シアン化合物	成田空港
食品添加物（ケイソウ土）	ヒ素	清水
大粒落花生	アフラトキシン	神戸
乾燥いちじく	アフラトキシン	東京
生鮮ラズベリー	メトキシフェノジド	成田空港
プロポリス加工品	クロラムフェニコール	福岡空港
生鮮ピスタチオナッツ	アフラトキシン	東京
とうがらし	トリアゾホス	神戸二課
オーストラリア		
マンゴー	細菌	成田空港
チアシード粉	アフラトキシン	東京
アップルジュース	パツリン	東京
アーモンド油	アフラトキシン	成田空港
セミドライトマト	細菌	東京
小麦	異臭・カビ	東京、横浜
生鮮ピスタチオナッツ	アフラトキシン	横浜
カナダ		
いった亜麻の種子	シアン化合物	成田空港
小麦	異臭、腐敗、変敗、カビ	千葉、東京、川崎、横浜
スモークサーモン	細菌	東京
菜種	異臭、腐敗、変敗、カビ	横浜、千葉
食品添加物（DL-リンゴ酸）	強熱残分	神戸二課
プロポリス加工品	クロラムフェニコール	中部空港
生食用冷凍ゆでがに	大腸菌	大阪
その他の菓子類	シアン化合物	関西空港
シンガポール		
加熱食肉製品	大腸菌	東京
ウーロン茶	フィプロニル	東京
チリ		
トラウトスモーク	大腸菌	東京
トラウト切り身	細菌	東京
さけ	大腸菌	大阪
生鮮キウィー	フェンヘキサミド	神戸
冷凍ぶどう	プロフェノホス	大阪
生鮮レモン	イマザリル	神戸、東京
ます	大腸菌	大阪
トラウトフィレ	大腸菌	東京
うに	大腸菌	横浜
ニュージーランド		
ぶどう酒	硫酸銅	小松空港
アーモンド油	アフラトキシン	成田空港
ばれいしょ	大腸菌	名古屋
マレーシア		
インスタントコーヒーパウダー	大腸菌	成田空港
いか類	大腸菌	東京
粉末清涼飲料	細菌、大腸菌	成田空港
ベトナム		
えび	成分規格不適合（E.coli　陽性）	東京
冷凍養殖えび	エンロフロキサシン	大阪
冷凍天然えび	放射線	福岡
えび（のばしえび）	成分規格不適合（E.coli　陽性）	東京
エビフライ	エンロフロキサシン	東京
海老フライ	エンロフロキサシン	福岡
冷凍エビフライ	エンロフロキサシン	横浜
えび類	E.coli	神戸
えび類	エンロフロキサシン	横浜、東京、門司、大阪
	フラゾリドン	大阪、東京
	クロラムフェニコール オレンジII 大腸菌	清水、川崎
えび類加工品	エンロフロキサシン	関西空港
おくら	細菌	福岡
かに春巻き	成分規格不適合（E.coli　陽性）	東京二課
かに類	大腸菌	神戸
かわはぎ	クロラムフェニコール	神戸、神戸二課
カワハギ生地	クロラムフェニコール	神戸二課
ケーキ	大腸菌	大阪
シューマイ（エビ入り）	エンロフロキサシン	大阪
シュガークラフト	ファストレッドE	関西空港
すしえび	大腸菌	神戸二課
生鮮コーヒー豆	異臭・腐敗・変敗・カビ	神戸、横浜
ゼリー	ブリリアントブラックBN	神戸二課
その他の菓子類	ファストレッドE	関西空港
生すしえび	スルファジアジン	神戸二課
開きたこスライス	大腸菌	福岡
フィッシュナゲット	大腸菌	東京
マンゴー	細菌及び大腸菌	福岡
むきえび	フラゾリドン	大阪
冷凍赤とうがらし	ジフェノコナゾール	横浜
冷凍むき身えび	エンロフロキサシン	東京
冷凍養殖むきえび	エンロフロキサシン	名古屋
冷凍養殖むき身えび	フラゾリドン	東京
加熱後摂取冷凍食品（凍結直前加熱）	フラゾリドン	横浜
串揚げセット	E.coli	東京
健康食品	パラオキシ安息香酸メチル、パラオキシ安息香酸プロピル（パラオキシ安息香酸として）	関西空港
春巻	成分規格不適合（E.coli　陽性）	東京
真あじのしそ巻き天ぷら	大腸菌	福岡
酢漬け野菜（蓮の茎酢漬け）	ソルビン酸	横浜
生食用冷凍サーモン炙りハラススライス	大腸菌	東京
青パパイヤ千切り	安全性未審査遺伝子組換えパパイヤ	東京
素干ヒメコ	二酸化硫黄	神戸二課
漬け物（酢漬け野菜）	安息香酸	横浜
天ぷら用粉付きイカ	細菌	大阪
無加熱摂取冷凍食品	大腸菌	福岡
冷凍青とうがらし	ジフェノコナゾール、プロピコナゾール	横浜
冷凍切り身いか類	クロラムフェニコール	東京
冷凍鯡の子	オキシテトラサイクリン	関西空港
ペルー		
生鮮カカオ豆	除草剤	中部空港
生鮮コーヒー豆	異臭・腐敗・変敗・カビ	神戸
チョコレート類	酸化防止剤	中部空港
メキシコ		
アボカドディップ	ソルビン酸カリウム	東京
食塩	作動油の付着・異臭	門司

※2015年6月～16年5月の1年間における輸入食品の主な食品衛生法違反事例。厚生労働省のホームページをもとに編集部で作成

出所：「AERA」2016年７月25日号

病気が増え、命が縮むのが「安い」のか

以上のように、輸入農水産物が安い、安いと言っているうちに、エストロゲンなどの成長ホルモン、成長促進剤のラクトパミン、BSE（狂牛病、2019年５月17日に米国牛全面解禁＝日米協定の最初の成果）、遺伝子組み換え（non-GM表示の2023年実質禁止が決定）、ゲノム編集（2019年10月１日から完全野放し）、除草剤の残留（日本人の摂取限界が米国の使用量に応じて引き上げられている）、イマザリルなどの防カビ剤（表示撤廃が議論中）と、これだけでもリスク満載。これを食べ続けると病気の確率が上昇するなら、これは安いのではなく、こんな高いものはない。

牛丼、豚丼、チーズが安くなって良かったと言っているうちに、気がついたら乳がん、前立腺がんが何倍にも増えて、国産の安全・安心な食料を食べたいと気づいたときに自給率が１割になっていたら、もう選ぶことさえできない。今はもう、その瀬戸際まで来ていることを認識しなければいけない。

農産物貿易自由化は農家が困るだけで、消費者にはメリットだ、というのは大間違いである。食と病気は不可分の関係にあるが、米国型の食生活と健康との関連については気になる情報がある。例えば、「米国内で生まれた子供のアレルギー疾患率（34.5％）に比べ、米国外で生まれて米国在住歴が２年以内の子供の疾患率は著しく低かった（20.3％）が、米国へ移って在住歴10年以上の子供は在住歴が２年以内の子供と比べると、湿疹では約５倍、花粉症では６倍以上の発症率だった」（2013年４月29日の米国医師会雑誌（Journal of the American Medical Association、JAMA）に掲載された論文）。

食品添加物や農薬を含め、食の安全基準緩和も一層迫られ、米国型の食生活がさらに浸透することの危険から日本国民の命と健康な生活を守るためには日本の安全・安心な食と農の健全な維持が欠かせない。これ以上、輸入品に安さだけを追求するのは危険である。

農業保護が当然の根拠
～欧米日などの違いから～

■

日本農業過保護論の再検証と輸出補助金の驚くべき実態

刷り込まれている日本農業過保護論

これまでに、日本の農業保護水準は世界的に見ると低いという指摘をした。ここでは、この点を、より詳細に検証してみたい。

「日本農業過保護論」は日本国民に根強く刷り込まれている。日本農業が過保護だから自給率が下がった、耕作放棄が増えた、高齢化が進んだ、という指摘がよく見られる。貿易自由化や徹底したセーフティネットの撤廃などのショック療法で競争にさらせば強くなって輸出産業になるという議論もしばしば行われてきた。

「農業鎖国は許されない」というが、「鎖国」してきたなら、どうして自給率が先進国最低の37％まで落ち込むのか。関税が高ければ輸入食料がこんなにあふれているはずはないし、関税が低くても国内的な農業支援が過保護に行われていれば、耕作放棄や高齢化が進むのではなく、国内生産は増えるはずである。しかし、そうなっていないということは、日本農業過保護論は間違いではないかという疑問が生じる。

農業所得に占める補助金の割合

筆者は、2006年当時のデータを基に、農業所得に占める政府からの補助金の割合を示し、日本の農業所得に占める補助金の割合は15.6％なのに対して、欧州では、軒並み90％を超えていることを、「エコノミスト」(2008年7月22日号を皮切りに指摘してきた（**表２－１**)。

ここで、農業所得は、農業粗収益から支払経費を差し引いて補助金を加えたものである。これに対する補助金の割が９割を超えているということは、補助金がなければ自身の労働に対する対価はほとんどゼロに近いことを意味する。100％を超える場合は、農産物の売り上げでは経費も支払いきれず、補助金を経費の支払いの一部にも充当している状況である。以下に、参考までに算定の例を示す。

表２－１　農業所得に占める政府補助金の割合

国　名	割合（％）
日本	15.6
米国	26.6
小麦	62.4
トウモロコシ	44.1
大豆	47.9
コメ	58.2
フランス	90.2
英国	95.2
スイス	94.5

注：①資料・「エコノミスト」2008年７月22日号
②鈴木宣弘ほか試算

〈補助金割合算定〉

〔農業粗利益－支払経費＋補助金＝所得〕と定義するので、例えば、〔100－110＋20＝10〕となる。この場合、〔補助金÷所得＝20÷10＝200％〕となる。収入でちょうど支払経費が払える場合だと、ちょうど補助金の分が所得になるので、〔農業粗収益－支払経費＋補助金＝所得100－100＋20＝20〕で、〔補助金÷所得＝20÷20＝100％〕となる。

主要国における補助金の割合の比較

これに対して、「近年では、日本の農業所得に占める補助金の割合が上昇し、欧米との格差は小さくなっている」との指摘が聞かれるようになってきた。そこで、我々は、最新のデータで、この点を再検証した。**表２－２**の通り、日本の農家の農業所得のうち政府補助金の占める割合は、2006年の15.6％と同じ統計資料に基づくと、確かに近年は上昇して、４割弱で推移している。しかし、**表２－３**の通り、主要国を比較すると、日本と米国はほぼ同水準で、欧州諸国はやはり高い。今回、対象に加え

表2－2　日本の販売農家の所得に占める補助金の割合

	2006年	2009年	2012年	2013年	2014年
農業粗収益（R）（千円）	4,052	4,312	5,014	4,972	5,009
うち補助金（G）（千円）	191	327	515	517	458
農業所得（I）（千円）	1,228	1,042	1,347	1,321	1,186
G/R（%）	4.7	7.6	10.3	10.4	9.1
G/I（%）	15.6	31.4	38.2	39.1	38.6

注：資料・農林水産省「農業経営統計調査」から鈴木宣弘が計算

表2－3　農業所得に占める補助金の割合（A）と農業生産額に対する農業予算比率（B）

	A			B
	2006年	2012年	2013年	2012年
日　本	15.6	38.2	28.5（2018）	38.2
米　国	26.4	42.5	35.2	75.4
スイス	94.5	112.5	104.8	–
フランス	90.2	65.0	94.7	44.4
ドイツ	–	72.9	69.7	60.6
英　国	95.2	81.9	90.5	63.2

注：①資料・鈴木宣弘、磯田宏、飯國芳明、石井圭一による
②日本の漁業のAは18.4%、Bは14.9%（2015年）。「農業粗収益－支払経費＋補助金＝所得」と定義するので、例えば、「販売100－経費110＋補助金20＝所得10」となる場合、補助金÷所得＝20÷10＝200%となる

表2－4　品目別の農業所得に占める補助金比率

	全農家平均		耕種作物		野菜		果物		酪農		肉牛	
	2006	2014	2006	2014	2006	2014	2006	2014	2006	2014	2006	2014
日本	15.6	38.6	45.1 （11.9）	145.6 （61.4）	7.3	15.4	5.3	7.5	32.4	31.3	16.7	47.6
フランス	90.2	81.7	122.3	193.6	11.6	26.1	31.5	48.1	92.3	76.4	146.1	178.5

注：①日本の耕種作物の（　）外の数字が水田作経営、（　）内が畑作経営の所得に占める補助金比
②日本の養鶏農家の（　）外が採卵鶏、（　）内がブロイラー農家の所得に占める補助金比率で
③資料・日本は農業経営統計調査 営農類型別経営統計（個別経営）から鈴木宣弘とＪＣ総研算。フランスは、RICA 2006 SITUATION FINANCIÈRE ET DISPARITÉ DES RÉSULTATS EXPLOITATIONS、Les résultats économiques des exploitations agricoles en 2014から鈴

たドイツは70％前後だが、英仏が90％前後、スイスではほぼ100％である。

しかも、**表２－４**のように、フランスの品目別のデータを見ると、耕種作物（穀物）や肉牛では200％近く、養豚でも100％強、酪農で80％近く、養鶏と果物が約50％、野菜でも26％となっており、品目別の差は大きいが、野菜や果物でも農業所得の相当部分が補助金で占められるというのは日本との大きな違いである。

稲作所得は補助金なしではマイナスが常態化

やはり、欧州では、命を守り、環境を守り、国土・国境を守っている産業を国民みんなで支えるのは当たり前なのである。それが当たり前でないのが日本である。

なお、日本の補助金比率が高まった背景の一つは、かつて民主党政権で戸別所得補償制度が導入されたことである。もう一つは、農産物価格の低下による所得の減少が相対的に補助金比率を高めつつあることである。特に米価の下落が深刻で、稲作所得は補助金なしではマイナスという農家が常態化していることを考慮する必要がある。

逆に、米国では、欧州に比較して、農業所得に占める補助金比率は高くない（**表２－１**）。ただし、まず指摘しておくべきは、欧州の補助金が環境支払い的な固定支払いであるのに対して、米国の場合は、農家の再生産に最低限必要な価格水準との差額を伸縮的に支払うシステムであり、国際価格が高いと発動されないことである。

農家が下支え水準を明確に認識して投資計画が立てられる「予見可能」なシステムとしては優れているが、常時発動されるわけではないから、近年のように国際価格高騰が継続していると補助金の支出は小さくなる。

の日仏比較（％）

養豚		養鶏	
2006	2014	2006	2014
10.9	11.5	22.7 (11.6)	15.4 (10.0)
－	107.6	－	48.5

率である
ある
客員研究員姜蕾さんが計
ÉCONOMIQUES DES
木宣弘作成

農業生産額に対する農業予算の比率

もう１点、注目すべきは、**表２－５**の農業生産額に対する国の農業予算の比率である。これで見ると、日本の場合は、農業所得に占める補助金比率と同じ４割弱で、主要国の中で最も低く、特筆すべきは、補助金比率は42.5%の米国が予算比率は75.4%で、最も高いということである。米国の２指標が乖離する理由については精査する必要があるが、**表２－４**と**表２－５**とを総合的に勘案すると、日本の農業保護水準が欧米に比べて低いという事実は再確認できたと言ってよかろう。

日本は価格支持にも依存していない

これに対して、日本の農業保護は所得に対する直接的な補助金ではなく、農産物価格を高く保証する価格支持の仕組みに大きく依存しているのが諸外国と比べた特徴であるから、それを検証すべきとの反論がなされる。しかし、日本の価格支持的な農業保護額が相対的に大きいというのにも誤解がある。

関税＝国境における価格支持

まず、国境における価格支持としての関税を見てみよう。そもそも、食料自給率が38%（2019年）、つまり、我々の体のエネルギーの62%もが海外の食料に依存している事実から、日本の農産物市場が閉鎖的だという指摘が間違いであることがわかる。関税が高かったら、こんなに輸入食料があふれるわけがない。ＯＥＣＤ（経済協力開発機構）のデータに基づけば、日本の農産物の平均関税は11.7%で、40ページの**図２－１**のようにほとんどの主要輸出国よりも低い。野菜の多くの品目が３%という低い関税であることに象徴されるように、約９割の品目は、低関税で世界との産地間競争の中にある。

わずかに残された高関税のコメや乳製品等の農産物（品目数で１割）

表２－５　主要国の農業生産額と農業予算額（2012年）

	米　国	フランス	ドイツ	英　国	日　本	備　考
農林水産業総生産額	（億ドル） 1,773	（億ドル） 461	（億ドル） 257	（億ドル） 143	（億ドル） 692	UN統計、2012年。GDPベースにおける農林水産業部分である。日本は内閣府「国民経済計算」2011年
	（億円） 141,468	（億円） 36,783	（億円） 20,506	（億円） 11,410	（億円） 55,215	
名目GDPに占める 農林水産業割合（%）	1.1	1.8	0.7	0.6	1.2	
農業予算額	（2012年）	（2012年）	（2012年）	（2012年）	（2012年度）	各国予算資料。米国・フランス・英国は実績ベース。ドイツは当初予算ベース。日本は補正後予算ベース（一般会計）。フランス・ドイツ・英国は、EUからの当該国分支出額を含む。フランスは林業を含む。ドイツは林業・水産業・消費者保護政策経費を含む。英国は林業・水産業・環境関係予算を含む
各国通貨ベース（注）	（億ドル） 1,336	（億ユーロ） 159	（億ユーロ） 121	（億ポンド） 57	（億円） 21,096	
	（億円） 106,599	（億円） 16,321	（億円） 12,421	（億円） 7,211	（億円） 21,096	
対国家予算対比（%）	3.8	5.1	3.7	0.8	2.1	
農業予算額／生産額（%）	75.4	44.4	60.6	63.2	38.2	

注：①円換算額は2012年の為替レート：１ドル79.79円、１ユーロ102.65円、１ポンド126.51円（海外経済データ。IMF（期中平均）で計算
②出所・農林水産省「主要国の農業関連主要指標」から鈴木宣弘が整理した

は、日本国民にとってのいちばんの基幹食料であり、土地条件に大きく依存する作目であるため、土地に乏しい日本が、外国と同じ土俵で競争することは困難である。関税を必要としている大きな理由なのである。

国内の価格支持政策

ＷＴＯ（世界貿易機関）に通報している国内の価格支持政策についても、コメや酪農分野の政府の保証価格を世界に先んじて廃止した日本の価格支持的な国内保護額（6400億円）は、今や絶対額で見てもＥＵ（４兆円）や米国（1.8兆円）よりはるかに小さく、農業生産額に占める割合で見ても米国（７％）と同水準である（**表２－６**）。

以上見てきたように、日本の農業が過保護だからＴＰＰ（環太平洋連

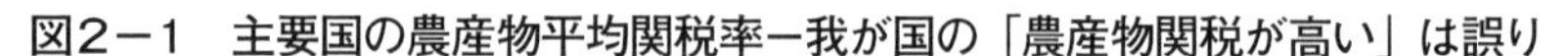

図2－1　主要国の農産物平均関税率－我が国の「農産物関税が高い」は誤り

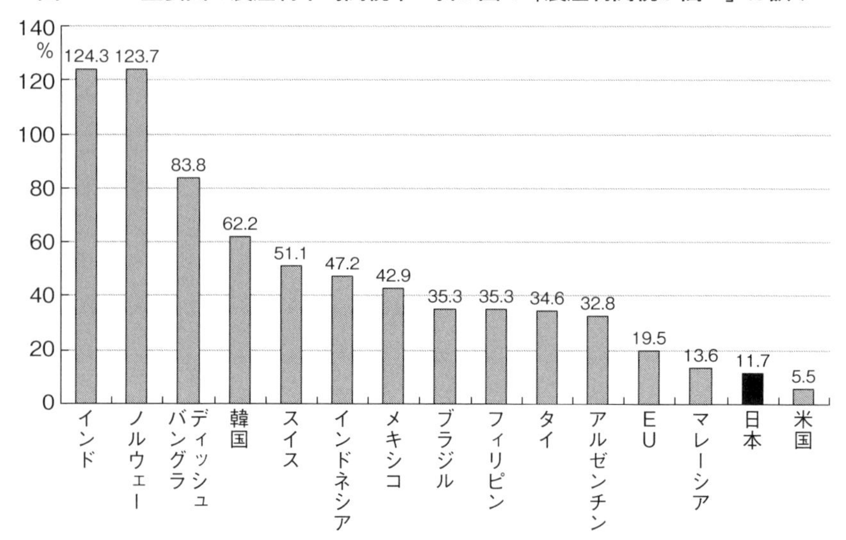

注：①出所・OECD「Post-Uruguay Round Tariff Regimes」(1999)
②WTOのドーハ・ラウンドが頓挫しているため、WTO協定上は1999年に妥結したウルグアイ・ラウンドで合意された関税率が現在まで適用されているので、これが最新である。単純平均で、輸入実績のない品目は算入されていない

携協定）などの貿易自由化や徹底的な国内の規制撤廃というショック療法で競争にさらせば強くなって輸出産業になるという議論の前提は間違っている。そんなことをしたら、日本の農業は強くなるどころか、最後の砦（とりで）まで失って、息の根を止められてしまいかねない。十分な吟味が必要な問題である。

忘れてはならない「輸出補助金戦争」

見落とされがちな輸出補助金

輸入国側の関税と並んで忘れてはならないのは、輸出国側（米欧など）の輸出補助金である。その実態と攻防についておさらいしておこう。

ＧＡＴＴ（関税及び貿易に関する一般協定）／ＷＴＯ体制に基づく貿

表２−６　日米欧の国内価格支持政策（WTO協定上の削減対象の農業保護額）の比較

	価格支持的な国内保護総額	農業生産額に対する割合
日本	6418億円	7%
米国	１兆7516億円	7%
EU	４兆426億円	12%

注：資料・農林水産省ＨＰより

易自由化交渉は、数次にわたるラウンドと呼ばれる多国間交渉で、当面の貿易障壁削減のルールとスケジュールを議論して定める（全会一致）ことを繰り返してきた。第１回（1948年、ジュネーブ）から、第６回ケネディ・ラウンド(1964〜1967年)、第７回東京ラウンド(1973〜1979年)、第８回ウルグアイ・ラウンド（1986〜1994年)、いまだ妥結できずに頓挫している第９回ドーハ開発ラウンド（2001年〜）まで、壮絶な交渉が繰り広げられてきた。農産物の貿易障壁というと、まず輸入国の関税が思い浮かぶが、忘れてはならないのが輸出国側の輸出補助金である。関税と輸出補助金はコインの表裏のような関係にあり、ともに、国際価格を引き下げるという貿易歪曲効果を持つ。

関税は当該国への輸入価格を引き上げることによって輸入需要を減らすから、国際市場における需給は緩み、国際価格は下がる[注１]。輸出補助金は、当該国の国内価格より輸出価格を引き下げる（輸出補助金がない場合よりも国内価格が上昇するから、増産される）ことにより輸出供給を増やすから、国際市場における需給は緩み、国際価格は下がる[注２]。

実際、ウルグアイ・ラウンドが難航した大きな要因の一つは、1980年代の世界的な農産物過剰下で、ＥＵが輸出補助金を使って「はけ口」を国際市場に求めたのに対して、市場を奪われる農産物輸出国の米国などが反発した「輸出補助金戦争」であった。この対立は米国とＥＵの「ブレア・ハウス合意」(1992年11月）で一応収束し、ウルグアイ・ラウンド終結に目途が立った。

（注１）つまり、関税を撤廃すると国際価格は上昇する。そのため、「関税を撤廃すれば輸入国の経済利益は必ず増える」という「常識」は実は正しくない。国際価格が上昇すると、関税撤廃による国内価格の低下が抑制されるため、消費者の利益はそれほど増えず、生産者の損失と失う関税収入の合計の方が大きくなる可能性があるからである。

（注２）関税の効果をちょうど相殺する輸出補助金が課されていると、国際価格は貿易が自由化された状態の水準と同じになる。この場合には貿易自由化（関税と輸出補助金の撤廃）しても国際価格は変わらない。つまり、「貿易自由化すれば世界の経済利益は必ず増える」という「常識」も必ずしも正しくない。

ドーハ・ラウンドでの新たな構図

ウルグアイ・ラウンドまでは、米国とＥＵが合意すれば終結するという構図が成立していたが、ＷＴＯ加盟国が増加して、途上国の発言力が増したドーハ・ラウンドでは、その構図が崩れた。新たな構図は、端的に言うと、「農業保護を温存しながら途上国に保護削減を迫る先進国に対する途上国の反発」である。

その中でも、大きな争点の一つになっているのは輸出補助金である。実は、ドーハ・ラウンド交渉の過程で、2013年までにすべての輸出補助金を廃止することが決定された。しかし、それは表面的な話で、世界は「隠れた」輸出補助金に満ち満ちているのである。このことをよく認識する必要がある。

ドーハ・ラウンド交渉が合意に失敗した大きな要因として、米国が農業の国内補助金の削減で譲歩しなかったことが挙げられているが、ブラジルをはじめ各国が米国の農業補助金を厳しく攻撃したのは、それが実質的には輸出補助の効果をもち、米国農産物の国際市場における競争力を不当に高め、ブラジルなどの他の輸出国に著しい損害を与えているとの見方に根ざしている。

一方で、日本のように、「従来から輸出補助金を使用していなかった国は新たに輸出補助金を導入してはならない」ことになっているから、実質的な輸出補助金が温存されている事態は、日本にとっても非常に不公平なことである。さらには、輸出国は「隠れた」輸出補助金を温存したまま、輸入国に対して関税削減を要求しているという構図になり、2013年までに撤廃された輸出補助金が実は氷山の一角であるとすると、このままでは、関税の低くなった日本市場に、実質的輸出補助による低価格農産物が大量になだれこむという不公平な貿易が進むことになってしまう。

「隠れた」輸出補助金の実態

2005年末、ドーハ・ラウンド交渉の香港閣僚会議で、2013年までにあらゆる形態の輸出補助金の全廃が合意された。この「あらゆる形態の」という修飾語にＥＵはこだわった。それはＥＵの輸出補助金のほとんどがＷＴＯ協定上「クロ」であるのに、他の輸出国には、「灰色」の輸出補助金が山のようにあるからである。

具体的に数字で示すと、ＥＵはＷＴＯ協定上の明白な輸出補助金を1999年当時、約5600億円使っていたが、米国は約80億円しか使っていなかった。しかし、米国は、多くの隠れた輸出補助金を使っている。そもそも、タイやベトナムよりもコストの高い米国のコメ生産の半分以上を輸出できるのは、目標価格（農家の再生産を補償する水準）と販売価格（輸出可能な水準）との差を政府が補填する「不足払い」（主要穀物、綿花などが対象）が強固に維持されているからである。コメ、トウモロコシ、小麦の３品目の輸出向け部分だけの合計で1999年には約4000億円に達していた。（注３）

これに、輸出信用（焦げ付くのが明らかな相手国に米国政府が保証人になって食料を信用売りし、結局、焦げ付いて米国政府が輸出代金を負担する仕組み）が4000億～5000億円、食料援助（全額補助の究極の輸出補助金）の1500億円前後も加えれば、多い年には、「隠れた輸出補助金」総額は１兆円規模になる。2000年頃も、米国は輸出信用で3900億円（Ｅ

Ｕは1200億円)、食料援助で1200億円（ＥＵは120億円）と多用していた。
さらに、米国では農家などからの拠出金（チェックオフ）を約1000億円徴収し、国内外での販売促進を行っているが、輸出促進部分には同額の連邦補助金が付加される。日本にも、牛肉、乳製品からクルミ（カリフォルニア州）にいたるまで、様々な米国農産物の品目ごとの連邦ないし州レベルの日本事務所が開設されているが、こうした販促費用の半額は連邦政府の補助金である。これも「隠れた輸出補助金」で300億円近くにのぼる。

しかも、この拠出金は輸入農産物にも課しており、これは「隠れた関税」だ。ＥＵの輸出補助金だけが減らされて、米国や他の輸出国は「灰色」の輸出補助金を維持できることが、ＥＵにとって非常に歯がゆいのは当然であった。ただ、「あらゆる形態の」という修飾語は入ったけれども、「あらゆる形態の」輸出補助金が対象として捕捉されているかというと、実態はほど遠い。

隣の韓国でも、「ヒモリ」というナショナル・ブランドに対する国を挙げた輸出支援体制が強化されており、このような直接・間接的に、様々に織り交ぜ、手を変え、品を変えての輸出補助政策は、各国の農産物輸出にとって不可欠なものとなっている。

（注３）ただし、国際的に穀物価格が高騰した近年は、国際価格が目標価格を上回ったため、「不足払い」が発生しないケースもあった。欧州の農業補助金が固定支払いであるのに対して、米国の「不足払い」の場合は、農家の再生産に最低限必要な価格水準との差額を伸縮的に支払うシステムなので、農家が価格の下支え水準を明確に認識して投資計画が立てられる「予見可能」なシステムとしては優れているが、近年のように国際価格の高騰が継続していると支出されない場合もある。近年の状況をもって米国の輸出補助金はほとんどなくなったと主張する論者がいるが、システムの性格を理解していないと言わざるを得ない。

米国の補助金が輸出補助金にならない理由

WTO定義では撤廃の対象外

米国の「不足払い」の補助金は国内販売と輸出向けを区別せずに支払われているが、輸出向けについては明らかに輸出補助金に相当すると経済学的には（と言わずとも常識的にも）考えられる。しかしながら、法律論上はそうはならない。その理由は、「輸出を特定した（export contingent）支払い」ではないからである。輸出を特定した支払いとして制度上仕組まれているもののみが輸出補助金だというのがＷＴＯ規定上の定義であるから、法律的には輸出補助金ではなく、撤廃の対象にはならない。なんと形式的な解釈か。

輸出信用については、米国の綿花のＷＴＯパネル（紛争処理委員会）裁定では、輸出商社が農務省（ＣＣＣ＝商品信用公社）に支払う信用保証手数料が通常の商業ベースの手数料より格段に低く抑えられている点を問題視し、この手数料の差額を輸出補助金と認定したが、輸出信用そのものには踏み込んでいない。

輸出補助金を実質的になくすというのは容易なことではないため、ＷＴＯやＦＴＡ（自由貿易協定）における関税削減と輸出補助金削減とのバランスの問題が生じる。これは、関税の定義は明白なのに対して、輸出補助金の定義が曖昧で、様々な「隠れた輸出補助金」が存在することに起因している。

ＦＴＡでは、関税削減と輸出補助金削減とのバランスの問題は、より深刻である。なぜなら、関税削減については、ＦＴＡは関税撤廃を前提としているからＷＴＯよりも厳しいのに対して、輸出補助金については、定義の曖昧さに加えて、輸出補助金を「原則使用禁止」としていても、域外の輸出国の補助金付き輸出に対抗する使用は認めることになっているため、実質的には野放しになってしまう危険性があるからである。

世界で最も競争力があり農業保護が少ないといわれるオーストラリアでさえ消費者負担型の「隠れた輸出補助金」を使っている。オーストラリアやニュージーランドの「隠れた輸出補助金」は、国内価格あるいは一部の輸出先の価格を高く設定することによって、消費者への「隠れた課税」(注4)を原資としているものである。これは、納税者負担か消費者負担かの違いだけで、経済学的には、同等の輸出補助金として定義できるが、それを計算して削減対象に加えるための手法がまだ合意されていない。

だから、現行ＷＴＯ上は、消費者負担の輸出補助金は「灰色」のままである。それどころかオーストラリアはこの手法を輸出補助金ではないと主張し続け、筆者が輸出補助金相当額（ＥＳＥ）の提案ペーパーをジュネーブに提出したのに対して統計データの提出を拒否して抵抗した。

日本としては、経済学的解釈と法律の解釈との乖離を埋めるべく、国内政策に分類されているものを含めた世界の「隠れた」輸出補助金が、撤廃対象の「通常の」輸出補助金として認定されるべきものであることを理論的に明示し、かつそれを輸出補助金相当額として定量的に示すことによって、パネル裁定を積み重ねながら、「あらゆる形態の」輸出補助金の定義に早急に反映させていく努力が不可欠である。そうした検討に資するためにも、米国や他の輸出国の「隠れた」輸出補助金の驚くべき実態と、それらをめぐる経済学的解釈と法律解釈との齟齬（そご）について次に詳しく解説する。

（注４）例えば、国内での販売価格を意図的に引き上げることで「消費税」を徴収するのと同等の状況を生み出し、それを財源として輸出市場での安値販売を可能にすること。あるいは、オーストラリアがうどん用のＡＳＷという小麦を日本では高く売り、中国では安く売るようなケースは、日本の消費者に課税して中国で安く売る原資としているのと同等と解釈できる。

驚くべき「隠れた」輸出補助金

コストの高い米国のコメ生産の半分以上が輸出できるのはなぜか。

米国のコメ生産費は、労賃の安いタイやベトナムよりもかなり高い。だから、競争力からすれば、米国はコメの輸入国になるはずなのに、生

図２－２　米国の穀物などの実質的輸出補助金(日本のコメ価格で例示)

区分	金額	価格水準
		目標価格　1.2万円／ 60kg
不足払い	3000円	
固定支払い	2000円(→2014年農業法で廃止)	
		融資単価（ローン・レート）7000円
返済免除（マーケティング・ローン）または　融資不足払い	3000円	
		国際価格4000円で輸出または国内販売

注：資料・鈴木宣弘・高武孝充作成

産したコメの半分以上を輸出している。なぜ、このようなことが可能なのか。

米国のコメの価格形成システムを、日本のコメ価格水準を使って説明しよう（**図２－２**）。例えば、コメ１俵当たりの融資単価（ローン・レート）7000円、固定支払い2000円、目標価格１万2000円とする。生産者が政府（ＣＣＣ＝商品信用公社）にコメ１俵を「質入れ」して7000円借り入れ、国際価格水準4000円で販売すれば、その4000円だけを返済すればよい（「マーケティング・ローン」という仕組み）。

7000円借りて、4000円で売って、4000円だけ返せばよいので、3000円の借金は棒引きされて、結局、7000円が農家に入る。これに加えて、常に上乗せされる固定支払いとして2000円が支払われる（ただし、固定支払いは2014年農業法で廃止）。

これで9000円だが、これでも目標価格１万2000円には3000円足りないので、その3000円も「不足払い」として政府から支給される。このローン・レート制度を使わない場合でも、１俵4000円で市場で販売すれば、ローン・レートとの差額3000円が政府から支給される（「融資不足払い」という仕組み）。つまり、生産費を保証する目標価格と、輸出可能な価格水準との差（ここでは8000円）が、３段階の手段で全額補填される仕組みなのである。

安く売っても増産していけるだけの所得補填があるから、どんどん増産可能で、いくら増産しても、販売価格は安いから、海外に向けて安く販売していく「はけ口」が確保されている。まさに、「攻撃的な保護」（荏開津典生『農政の論理をただす』農林統計協会、1987年）である。この仕組みは、コメだけでなく、小麦、トウモロコシ、大豆、綿花などにも使われている。

輸出補助金に分類されない——経済学と法律解釈の齟齬

このような米国の補助金は輸出向けについては明らかに輸出補助金と思われるのに、なぜ輸出補助金に分類されないのか。**図２－３**で解説しよう。

ＷＴＯで撤廃対象となっている通常の輸出補助金とは、ある農産物を国内ではキロ当たり100円で100kg販売するが、輸出向けは安くして50円で100kg販売する場合、輸出向けについても生産者に100円が入るように、差額の50円×100kg＝5000円（**図２－３**の矩形Ａ）を、政府（納税者）が生産者または輸出業者に支払うものである。これによって、国内販売・輸出を合わせた生産者の総収入は、100円×200kg＝２万円となる（矩形Ａが補填されない場合でも、同一主体の国内販売と輸出に価格差があれば、ダンピングにあたる）。

これに対して、米国の穀物、大豆、綿花への直接支払いは、国内販売と輸出を問わず、生産者は50円で販売するが、国内販売も輸出も含めたすべてについて、100円との差額の50円があとから支払われるものと考えてよい。この50円×200kg＝１万円の支払いによって、やはり国内販売・輸出を合わせた生産者の総収入は、100円×200kg＝２万円となる。つまり、**図２－３**のＡ＋Ｂが支払われていることになるので、明らかにＡの部分は輸出補助金に相当するものと、経済学的には（と言わずとも常識的にも）考えられるはずである。

しかし、法律論上はそうはならない。それは「輸出を特定した（export contingent）支払い」ではないからである。輸出を特定した支払いとして制度上仕組まれているものが輸出補助金だというのがＷＴＯ規定上の

図２−３　様々な輸出補助金の形態と輸出補助金相当額（ESE）

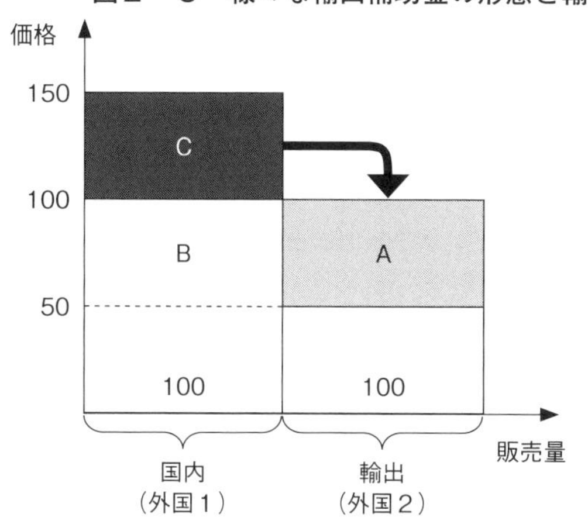

A＝撤廃対象の「通常の」輸出補助金（政府＝納税者負担）

A＋B＝米国の穀物、大豆、綿花（全販売への直接支払い）

B＋C＝ＥＵの砂糖（国内販売のみへの直接支払い）

C＝カナダの乳製品、オーストラリアの小麦、ニュージーランドの乳製品等（国内販売または一部輸出の価格つり上げ、消費者負担）

いずれも輸出補助金相当額（ＥＳＥ）＝5,000

注：資料・鈴木宣弘作成

定義であるから、矩形Ａ部分は、法律的には輸出補助金ではないというのである。このような形式的な解釈がなぜ正当化できるのか。

ブラジルの提訴による綿花のＷＴＯパネル（紛争処理委員会）では、米国の国内政策がブラジルに深刻な損害（serious prejudice）を与えたことが認定され、これを是正しなければブラジルが対抗措置（相殺関税等により損害額と同額の米国からの輸入を排除する）を発動できることになった。このことは、綿花だけにとどまらず、米国の穀物などへの国内政策に対して貿易歪曲性の視点からメスが入ったことを意味すると思われたが、その後も、綿花以外については米国の政策の枠組みは何も変わらず維持されている。

米国以外の「隠れた」輸出補助金温存の実態

このような「隠れた」輸出補助金を温存しているのは、実は米国だけではない。**図２−３**に示したように、全廃の対象となる通常の輸出補助金は矩形Ａの部分だが、世界各国は、Ａ＋Ｂ、Ｂ＋Ｃ、あるいはＣ、といった様々なタイプの実質的輸出補助金をふんだんに使用していると考えられる。以下、米国の穀物など以外で実際に問題となっている四つのケースを例として見てみよう。

カナダの用途別乳価制度はクロ判定

カナダの用途別乳価制度は、輸出向けの販売用途に対して国内販売より安い支払い乳価を設定するものである。**図２－３**で見ると、通常の輸出補助金である矩形A部分は支払われない。しかし、独占的な販売機関の存在を背景に、国内価格を100円ではなく150円までつり上げ、国内消費者から矩形Cの部分を余計に受け取り、生産者には、国内販売と輸出の代金をプールして加重平均価格100円を支払う制度である（もし広範囲でのプール価格制度がなくても、各生産者が販売枠（クオータ）を持ち、国内販売と輸出販売の両方を行っている場合には同様である）。

こうして、国内販売・輸出を合わせた生産者の総収入は、100円×200kg＝２万円となる。通常の輸出補助金である矩形Aを政府（納税者）が負担する代わりに、それと同面積の矩形Cを消費者に負担してもらうこと（消費者への「隠れた」課税）によって、生産者の総収入が同様に確保されるのである。同額の補助額を納税者が負担するか消費者が負担するかの違いなので、「消費者負担型輸出補助金」と呼ぶことができよう。

これは、正常価格（通常は輸出国内の販売価格、それに代替するものとしては生産費用、A国とB国で販売している場合は高い方の輸出価格）よりも安く輸出するので、言い換えれば「ダンピング輸出」である。つまり、このタイプの輸出補助金は、ダンピングを「隠れた」輸出補助金として整理したものと言える。

以下で説明するように、このタイプには、様々なバリエーションが存在する。例えば、カナダのような国内販売と輸出との間の価格差別ではなく、米国の乳製品のように国内販売と輸出との区分を制度的には設けていないケース、オーストラリアやニュージーランドのように輸出市場間での価格差別のケースである。そして、これらの中でカナダのケースは、輸出向けを特定した補助であることから、ＷＴＯのパネル裁定で輸出補助金と認定された。しかし、他のケースはまだ撤廃対象ではない「隠れた」輸出補助金となっている。

カナダと類似していても米国の乳価制度はシロ

米国の用途別乳価制度はカナダと類似しており、大まかに言えば、飲用向け乳価を高く、加工原料乳価を低く設定し、生産者には、（全米の８ブロックごとに）加重平均乳価を支払うものである。ここまではカナダとかなり似通っているが、異なる点は、カナダは加工原料乳のうち輸出向け用途を特定するが、米国は輸出向け用途を制度としては特定しておらず、見かけ上は飲用と加工向けとの間で価格差別を行う「国内政策」になる点である。

しかし、安く設定された加工向けのうち一部が輸出に回るので、輸出向け部分は、輸出補助金に相当するといえよう。ところが、輸出向けを特定しない制度であることから、米国の穀物などへの国内補助金と同様、これも撤廃対象の輸出補助金には分類されていない。

データ提出を拒否して抵抗するオーストラリア

カナダのような国内販売と輸出との価格差別でなく、オーストラリア・ニュージーランドが小麦や乳製品等で行っている輸出市場間での価格差別のケースは、**図２－３**の「国内」と「輸出」を、それぞれ「外国１」と「外国２」に読み替えるとわかりやすい。例えば、オーストラリアが日本でうどん用小麦を高く売り、中国で安く売っている場合は、日本の消費者が高いうどんを食べてオーストラリアのために中国への輸出補助金を支払っていることになる。これも消費者負担型輸出補助金と言える。

しかし、オーストラリアは、**図２－３**でいう矩形Ｃの部分の「輸出補助金相当額（ＥＳＥ）」が計算されることを阻止しようと、筆者がＥＳＥの提案ペーパーをジュネーブに提出したのに対して、独占輸出機関であるオーストラリア小麦ボード（ＡＷＢ）などのデータを提出することさえ拒んだ。世界で最も競争力があり、農業保護が少ないといわれるオーストラリアでさえ、このような隠れた輸出補助金を使っている。しかも、他の国々には保護削減を厳しく求める一方で、自らの実質的輸出補助制度が糾弾されることに対してはデータの提供さえ拒否して抵抗しているのが実態である。

ＥＵの砂糖への直接支払い

ＥＵの砂糖制度は、従来は、カナダの用途別乳価制度とほぼ同様のシステムであったため、パネルで輸出補助金と裁定された。しかしその後、国内価格を引き上げる代わりに、その部分を直接支払いに置き換える政策に替えつつある。つまり、**図２－３**で見ると、販売価格は国内も輸出も50円に統一されるが、国内販売に対して政府がＢ＋Ｃを補填するので、国内販売・輸出を合わせた生産者の総収入は、100円×200kg＝２万円となる。これは、矩形ＣがＡを埋め合わせる構造なので、実質的輸出補助金と言える。

各国とも様々な工夫をして実質的な輸出補助金を温存しようとしているが、経済学的解釈と法律解釈との差を埋めることで、「隠れた」輸出補助金と「通常の」輸出補助金の同等性についての合意形成を進め、多くの隠れた輸出補助金が温存されたまま関税削減が進行するアンバランスを改善していく必要があろう。

国内保護削減をめぐる虚構と攻防

保護削減を拒否する米国

ブラジルの提訴による綿花のＷＴＯパネル（紛争処理委員会）では、米国の国内政策が輸出補助金の効果を持ち、ブラジルに深刻な損害（serious prejudice）を与えたことが認定され、これを是正しなければブラジルが対抗措置（相殺関税等により損害額と同額の米国からの輸入を排除する）を発動できることになったことを前に述べた。

その後、米国はブラジルに金銭を供与することで対抗措置を当面の間回避し、2014年農業法で綿花に対する国内政策の変更を発表したが、ブラジルが不十分と批判し、再度、米国が金銭供与し、制度に若干の変更を加えることで、2014年農業法の適用期間中はブラジルが対米報復措置を放棄することで合意した。

ブラジルが米国の国内政策を輸出補助金であると訴えて勝利して、なんらかの対応をせざるを得ない状況に至らしめたことは画期的であるが、結局、米国は十分な制度変更には応じないまま逃げようとしている。米国は、他国には保護削減や貿易自由化を迫りながら、自身はＷＴＯに従うつもりはなく、自身の政策は温存する姿勢を続けているのである。米国の綿花政策の罪深さは、食料安全保障とは無関係で自国農民の保護だけを目的とするもので、特に外貨獲得の手段に乏しいアフリカの最貧国の輸出機会を奪っているところにある。

なぜ他の品目に波及させられないのか

ブラジルの提訴による綿花裁定で米国の国内政策の貿易歪曲性が認定されたということは、同様の制度になっているコメ、小麦、トウモロコシ、大豆などへの国内政策にも自動的に波及して、ＷＴＯから制度変更の要請が行われるべきであると考えるのが通常のように思われる。

少なくとも、経済学的には、貿易歪曲的な政策であることが検証されれば問題ありということになるので、他の穀物に対する同様の政策は同様の貿易歪曲性を持つことは自明として問題視する。

ところが、法的には、そうならない。深刻な損害（serious prejudice）を受けたとして提訴する国があり、現実に被害があったことが認定されなければならない。だから、日本が提訴して米国に改善を求めようとしても、それは無理である。米国と競合する輸出国でない日本には、通常は深刻な損害を訴えることは不可能だからである。同じ仕組みなのだから、同じ問題があるのは当然なのに、自動的にそうできないことの不合理さも感じざるを得ない。

国内補助と輸出補助の分類への疑問

米国の穀物等への直接支払いの国内政策が輸出補助金として機能するという議論を突き詰めると、国内補助金と輸出補助金の区分にそもそも意味があるのか、という疑問が当然生じる。

段階的に考えてみよう。まず、国際価格水準P1の下で、ある国において補助政策がない場合、国内生産S1では需要Ｄが満たせず、D-S1の輸入が生じている。ここで、補助政策を発動し、P2-P1の不足払いが行われるならば、国内生産はS2に増加し、輸入はD-S2に減少する。ただし、この時点では輸出はなく、まだ輸入国であるため、この不足払いは国内政策とされる。ところが、不足払いがP3-P1に増えた場合、国内生産はS3に増加し、S3-Ｄの輸出が生じるとする。こうなると、輸出に対して支払われた部分は、実質的な輸出補助金と言うことができる。しかし、制度的に輸出を特定した支払いではないことから、ＷＴＯ上は国内政策に分類されるのである。

このように見てみると、隠れた輸出補助金かどうかの認定にこだわるよりも、国内政策への縛りを強めることの方が有効かもしれないことがわかる。

黄の政策と緑の政策の分類への疑問

GATTのウルグアイ・ラウンド合意では、確かに、国内政策への縛りを強めた。基本的には、国内補助を削減約束の対象とする「黄」の政策と削減対象としない「緑」の政策に分類した。

市場価格そのものを引き上げる価格支持政策は、生産刺激的で市場を歪め、貿易を歪める政策として、削減目標を定めた。これに対して、現在の生産量にリンクしない直接支払い（価格は市場で決まり、農家には別途「つかみ金」を渡す方法）は生産を刺激しない（デカップルされた＝生産から切り離された）市場歪曲度の低い政策だとして、削減しなくてよい政策と定めた。

しかし、この分類にも、そもそも疑問がある。米国の不足払い型の政策に端的に示されるように、形式的には現在の生産から切り離したように仕組まれていても、実質的には価格に上乗せされた支払いであり、生産者にとっては価格支持ないし生産にリンクした不足払いとほぼ変わらないような生産刺激的な直接支払い制度となっているケースは実際には多い。米国だけでなくＥＵでも同様である。

このことは、生産にリンクしない直接支払いに移行したと言いながら、欧米の生産量がほとんど減少していないという現状によって傍証される。前節の例で見ると、従来の価格支持や不足払いによってP3の価格が提供されていたステージから、P3-P1の分をデカップルされた直接支払いに転換したのであれば、生産はS1に減少するはずだが、そのような変化はこれまで欧米でも観測されていないのである。

生産抑制や粗放的生産などを支払要件としていないかぎり、生産を刺激しない支払いというのは実は困難である。しかも、直接支払いは行政コストが大きいため、トータルでの経済厚生が価格支持の場合よりも大きくなるとは限らない。こう考えると、価格支持がいちばん悪く、次が不足払い、そしてデカップルされた直接支払いが最も優れた政策だという形式的な分類にどれだけの意味があるのか、問題視せざるを得ない。要は、欧米諸国が自分たちの政策を削減対象から外すために考案した分類なのである。

農業保護削減の「世界一の優等生」は日本？

削減対象の「黄」の政策についても、まじめに削減に奔走したのは日本だけという現実がある。日本の農業政策は、従来、長らく価格支持政策を重要な柱の一つとしてきたが、近年（2007年以降）、「価格は市場で、あとは収入変動緩和対策のみ」という方針での農政転換が大きく進められた。日本は、価格支持政策に決別した点では、いまや農業保護削減の世界一の「優等生」といえる。したがって、「世界で最も価格支持政策に依存した農業保護国」という指摘は、まったく当たらない。

ウルグアイ・ラウンド合意では、削減対象の国内保護総額（ＡＭＳ＝ Aggregate Measurement of Support）を各国が申告し、それを基準年（1986～1988年）に対して2000年までに20％削減することを約束した。2000年のＡＭＳの削減目標の達成状況を見ると、日本は達成すべき額（４兆円）の16％の水準（6418億円）にまで大幅に超過達成している。コメや牛乳の行政価格を実質的に廃止したからである。コメの政府価格はまだあるというが、数量を備蓄用に限定したことで下支え機能を失っている。

一方、米国は約束額（２兆円）を100％としたときに88％（１兆7516億円）まで、やや超過達成した程度である。日本のＡＭＳ額は、もはや絶対額では米国の半分以下であり、農業総生産額に対する割合で見ても米国と同水準（日本が７％、米国が７％）なのである。

ＡＭＳの過少申告問題

米国のAMS過少申告

米国のＡＭＳには本来含められるべきものが算入されていないため、本来の半分にも満たないＡＭＳ額しか通報されておらず、表に出ない保護措置も温存されている。ＡＭＳは、国内の行政価格（administrative price）と国際参照価格との差に対象となっている生産量をかけて求められ、各国の自己申告にまかされている。行政価格の取り方などで過少申告が可能な現行のＡＭＳ計算・申告方式見直しの議論も必要である。

米国の酪農では、加工原料乳価格支持制度（ＤＰＳＰ）と用途別乳価制度（ＦＭＭＯ）の２本立てで乳価支持が行われていたが、ＦＭＭＯのメーカー最低支払い義務乳価の平均、約37円／kgを使わずに、ＤＰＳＰの下支えの加工原料乳支持価格、約26円／kgを使って、国際参照価格19円との差額を計上することで、実際の４割程度のＡＭＳ額しか申告していなかった（26－19＝7 vs. 37－19＝18）。米国のＡＭＳ全体に占める酪農のシェアは多い年には７割を超えていたので、酪農のＡＭＳの過少申告は重大である。

米国農務省（ＵＳＤＡ）の知人にこの点を尋ねたところ、「そのとおりだ。しかし、日本も酪農について、全生産量でなく加工原料乳だけを対象数量にしたという問題がある。つまり、お互い様だろう」との回答があった。実は、米国が酪農のＡＭＳを過少申告していることを指摘してくれたのは、カナダ農業省の知人であった。

カナダもAMS過少申告

そのカナダも酪農のＡＭＳを過少申告している。カナダとしては、政府の支持価格の変化に基づいて物価スライド的に全取引乳価が機械的に変更されるのは、政府の指示ではなく、あくまで「各州に一つの独占集乳・販売ボード（ＭＭＢ）、寡占的メーカー、寡占的スーパー」という市場構造の下で、政府算定値を「参考価格」として「自主的に」行われているのだと主張できる。

しかし、ＭＭＢは独占禁止の適用除外法に基づき、メーカーへの乳価の通告、プラントへの配乳権を付与されており、メーカーは法律に基づく手続きで不服申し立てはできるとはいえ、政府価格が取引価格になるように制度的に仕組まれている点は見逃せない。筆者がこの点をカナダ農業省で知人と議論したとき、「カナダにも問題がある。しかし、米国もやっている」と教えてくれたのだ。

日本だけが過剰に対応した成果は？

それぞれに問題はあるにせよ、ＡＭＳの達成目標の16％にまで大幅に超過達成した日本は突出しており、それは国内の価格支持をやめたからこそできたのであり、今も価格支持制度を維持している米国やＥＵとの違いは大きい。日本では、価格支持制度は「廃止対象」の政策のように認識され、早くなくそうと取り組んだが、これは大いなる誤解である。「黄」の政策はあくまで「削減対象」であり、許されるＡＭＳ総額の範囲内で、欧米諸国は「自由に」活用している。そもそもＡＭＳ額の基準年の設定を工夫して、削減する必要がないようになっていたので、ＡＭＳ総額をあまり気にする必要もないくらいであった。さらに、米国では、酪農に「乳価マイナス飼料価格」が最低限の水準を下回ったら政府が不足払いするシステムを新設するなど、現場に必要なら「黄」の政策を新たに導入するという、日本では到底考えられない展開になっている。

日本では、ＡＭＳの超過達成にあたって、「我が身をきれいにして国際交渉を有利にする」と説明していたが、その成果はどこにあったのだろうか。負の成果として国内農業の疲弊が進んだことは確かである。交渉とは「自分の悪いところを棚に上げて相手を攻めるもの」といってもよく、米国は、小さいころからディベート教育で、黒を白といいくるめる技術を磨き、また、そういう力が評価される国である。こういう国と交渉しなくてはならないときに、我が身が完全にきれいでなければ相手を批判しないというなら、ほぼ相手を攻める機会はなくなってしまい、攻められてばかりになる。

また、途上国の立場からすると、自らの保護は温存し、途上国には保護削減を求める欧米先進国の姿勢に気づいたからこそ、ドーハ・ラウンド交渉で強硬な姿勢を取ったのであり、現在、交渉が暗礁に乗り上げたままなのも納得できる。

食料の重要性への認識の低さは何に起因しているのか

欧州農業の是非から学べること

「欧州の農業情勢から学べること」という視点から、二つのトピックを取り上げる。一つは、近年高まった「オランダ農業礼賛論」の批判的検証、もう一つは、貿易自由化が進んでも、人や環境に優しい農産物が有利になるようなルールづくりで自国産を守る欧州の知恵について考えてみたい。

オランダ農業礼賛論の虚実

「日本農業の手本はオランダ農業だ。オランダ農業に学べ」との「オランダ農業礼賛論」が近年、政治・行政・研究者の間で、一世を風靡（ふうび）した感がある。

その特徴は、資本集約的な高収益部門（とりわけハウス栽培などの施設園芸）に特化して、輸出を伸ばし、土地利用型の穀物は輸入するという方式である。農業生産による付加価値額のうち、施設園芸だけで４割、園芸（野菜・果樹・花）全体だと５割を超え、酪農が２割で続く。耕種作物（穀類）は15％にすぎない。

こうした方式が可能な背景には、オランダがＥＵ共通市場（５億人）、中でも主要国の英国（現在、ＥＵ離脱）・ドイツ・フランスに近い欧州北西部の中央に位置し、ほぼ無関税でＥＵ共通市場へ輸出でき、輸入もできるという条件がある。

オランダ方式はＥＵの中でも特殊で「いびつ」

このオランダ方式が日本のモデルになりうるか。一つの視点は、オランダ方式はＥＵの中でも特殊だという事実である。「ＥＵの中で不足分を調達できるから、このような形態が可能だ」というだけなら、ほかにも、もっと穀物自給率の低い国があってもおかしくないが、実は、他のＥＵ各国は、ＥＵ市場があっても不安なので、一国での食料自給に力を入れている。むしろ、オランダが「いびつ」なのである。

園芸作物などに特化して儲ければよいというオランダ型農業の最大の欠点は、園芸作物だけでは不測の事態に国民にカロリーを供給できない点である。ナショナル・セキュリティの基本は穀物なので、穀物自給率を保つことが重要なのである。

日本でも高収益作物に特化した農業を目指すべきとして、「サクランボは貿易自由化しても生き残ったではないか」という議論を持ち出す人がいるが、サクランボという嗜好的性格が強くて差別化しやすく、土地制約も少ない品目と、「コモディティ」と言われる基礎食料とは同列に

表２－７　品目別の農業所得に占める補助金比率の

	全農家平均		耕種作物		野菜		果物		酪農		肉牛	
	2006	2016	2006	2014	2006	2014	2006	2014	2006	2014	2006	2014
日本	15.6	30.2	45.1 (11.9)	145.6 (61.4)	7.3	15.4	5.3	7.5	32.4	31.3	16.7	47.6
オランダ (2012)	32		25		6		7		57		160 (草食家畜)	

注：①日本の耕種作物の（　）外の数字が水田作経営、（　）内が畑作経営の所得に占める補助金比率
②日本の養鶏農家の（　）外が採卵鶏、（　）内がブロイラー農家の所得に占める補助金比率
③資料・日本は農業経営統計調査 営農類型別経営統計（個別経営）から鈴木宣弘と東大農学特
④オランダは農林中金総研・一瀬裕一郎氏作成

論じられない。早くに関税撤廃したトウモロコシの自給率が０％、大豆が７％なのを直視する必要がある[注1]。サクランボも大事だが、我々は「サクランボだけを食べて生きていけない」のであり、基礎食料の確保が不可欠なのである。

（注１）大豆、トウモロコシは、関税ではなく、輸入数量そのものを制限する品目だったが、1961年に、大豆と飼料用トウモロコシが、関税ゼロで、輸入数量制限が撤廃された。国内で生産されるトウモロコシのほとんどがスイートコーン（野菜に分類）なので、トウモロコシ（飼料用とコーンスターチ用など）の自給率は、ほぼゼロである。かりにスイートコーンも含めても自給率は１％程度である。大豆の用途は精油（約７割）、豆腐、みそ、しょうゆなどだが、国産は、主として豆腐、煮豆、納豆に限られるため、自給率は７%にしかならない。

「補助金に依存しない園芸」は日本も同じ

また、オランダの園芸は補助金に依存していないと強調されることがあるが、日本との比較で見てみよう。

表２－７のように、オランダの農業純所得に占める補助金の割合は32%で、日本（30%）とほぼ同水準、園芸（６%）、果樹（７%）もほぼ同水準である。一方、酪農（57%）は日本の２倍の補助金率、その他の畜産では、草食家畜（160%）など、日本よりはるかに高い。耕種は日本の方が高い。

総じて、ＥＵ内では、2013年の英国（91%）、ドイツ（70%）、フランス（95%）よりオランダははるかに低いのは確かである。つまり、「日本と比較して低い」のではなく、「日本と同じくらい低い」というのが正しい。

日蘭比較（%）

養豚		養鶏	
2006	2014	2006	2014
10.9	11.5	22.7（11.6）	15.4（10.0）
14（穀食家畜）			

定支援員姜蕾さんが計算

オランダの農家の39％は貧困ライン以下

そして、オランダ政府関係者の話として注目されるのは、「農業ビジネスは成長しているが、農家の豊かさには必ずしも結びついていない。オランダの農家の39％は貧困ライン以下の生活」（石井勇人・共同通信編集委員からの聴取による）という現実である。

「輸出依存型の農業は世界経済が好調なときは脚光を浴びるが、他国への依存が大きくなり過ぎると経営は不安定になる」との見方も示されている。

経済省に吸収した農業所管官庁を復活したオランダ

さらに、石井氏は次の重大な事実を指摘している。

象徴的なのは、一時は経済省に吸収して廃止した農業所管官庁を「農業・自然・食品品質省」として復活し、トップを副首相が兼務した事実である。

輸出産業化はオランダ農業の一面にすぎず、家族経営の農家や環境保全にも目配りしていると政府関係者も強調している。元祖・輸出型農業のオランダで政策の軌道修正が始まっていることは間違いない。

欧州の「農業の守り方」——関税、直接支払いからルールへ

石井氏は、欧州での「農業の守り方」の進化をこう表現する。「関税（税）→直接支払い（財政）→ルール（知恵）」。以下、この新しい「ルール」づくりの一端を紹介する。

ドイツ：持続可能性指標

ドイツでは、持続可能性指標として、持続性のある資源利用（有機肥料や家畜糞尿の活用など）、生物多様性、土壌・水・大気の保護、雇用環境、採算性、安定性、社会貢献などの指標に基づいて農産物の生産環境・背

景などを各10点満点で評価し、取引に活用しようという動きがある（例えば、点数が基準以下のものは取引しないとか、点数の高いものを優遇するなど)。

英国：カーボン・フットプリント

英国のカーボン・フットプリント表示の取り組みも参考になる。フード・マイレージは輸送に伴うCO_2（二酸化炭素）排出を数値化するものだが、それだけでなく、生産から加工、輸送を経て店頭に並び消費されるまでの全過程を合計したCO_2排出量であるカーボン・フットプリントを記載する取り組みである。生産・加工・流通・消費の全行程でのＬＣＡ（ライフ・サイクル・アセスメント）に基づくカーボン・フットプリントは、「低投入・地産地消・旬産旬消」が環境に最も優しいことを数値化して消費者に納得してもらう試みである。

こうした指標を可能なかぎり取引ルールに活用していければ、国産の安全・安心なものが「正しく」評価され、安くても持続性に問題のある農産物は排除できる。

スイス：ソーシャル＆エコロジカル・ダンピングの排除

また、2017年に改正されたスイス新憲法では、食料安全保障が旧憲法よりも明確に規定された。

具体的には、次のようになっている。

104a条　食料安全保障

国民への食料供給を確保するため、連邦は持続可能性を支援し、以下の事項を促進するための条件を整備する。

a　農業生産基盤、とりわけ農地の保全

b　地域の条件に適合し、自然資源を効率的に用いる食料生産

c　市場の要求を満たす農業および農産食品部門

d　農業と農産食品部門の持続可能な発展に資する国際貿易

e　自然資源の保全に資する食料の利用

特に、連邦参事会案では「d国際農産物市場へのアクセス」という条項だったのが、最終的に「d農業と農産食品部門の持続可能な発展に資する国際貿易」とされた点が重要である。

この意味するところは、「大きな流れとしては安価な労働力を利用して輸出競争力を高めるようなソーシャル・ダンピングや、利益を優先させるために環境破壊を認めるエコロジカル・ダンピングなどを許さず、輸入相手国に対しても持続可能な農業生産や、国内と同等の基準を順守させることが『公正』だという考え方は根づいていくと思う。要するに、生産段階で燃料や化学肥料を大量に使う国の農産物は受け入れない、衛生、労働、動物福祉などについて、基準の低い国からの輸入を制限するということでしょう」（石井氏）ということである。

「直接支払い」も「ルール」も極めて不十分なまま、関税削減・撤廃に突き進む日本は、非常に危険ではなかろうか。

食料安全保障に対する意識の日欧格差

国民の命を守り、国土を守るには、どんなときにも安全・安心な食料を安定的に国民に供給できること、それを支える自国の農林水産業が持続できることが不可欠であり、国家安全保障の要（かなめ）である。そのために、国民全体で農林水産業を支え、食料自給率を高く維持するのは、世界の常識である。食料自給は独立国家の最低条件である。

カロリーベースで日本の食料自給率はわずか37％だが、欧州では低いとされる英国でも6割以上ある。農家の農業所得に占める国の補助金の割合は2016年の統計で日本が30％。2013年のスイス（100％）、ドイツ（70％）、英国（91％）、フランス（95％）に比べても、食料安全保障のために国が責任を持つ姿勢が問われるところである。

欧州では幾度の戦争を経て国境防衛と食料難とに苦労した経験から、

農林水産業で国土と食料を守るという安全保障の視点が当たり前だと指摘されるが、厳しい戦争と食料難を経験したのは日本も同じである。では、なぜ、このような違いが生じるのだろうか。

食料・農林水産業を守る政策に大きな差が生じる背景として、欧米の方が日本よりも農業・農村を理解し、シンパシー（共感）をいだく度合いが強いとの指摘があり、それはなぜか、との疑問もよく寄せられる。教科書で食料・農業・農村の重要性を説明する記述の分量が大幅に違うとの指摘もあるが、具体的には十分に検証されてこなかった。

重要な違いは教科書での「食料難の経験」の記述

食料・農業・農村の重要性といってもいろいろある。その中で、欧州の教科書の日本との決定的に重要な違いは「食料難の経験」の記述なのではないかと思われる。

「食料安全保障の重要性は、大きな食料危機がこないと日本人にはわからない」というのは間違いである。日本も戦争などによる厳しい食料難を経験しているが、日本人はそれを忘れ、欧州はなぜ忘れないか。それは欧州では、食料難の経験をしっかりと歴史教科書で教えているため、認識が風化せずに人々の脳裏に連綿と刻み続けられているからである。

ここでは、薄井寛『歴史教科書の日米欧比較』（筑波書房、2017年）から、英国、ドイツの歴史教科書における食料難の記述をいくつか紹介する。

ドイツ『発見と理解』

「イギリスの海上封鎖によって、ドイツでは重要資源の海洋からの輸入が止まり、食料も例外ではなくなった。……キップ制度による配給が1915年１月から始まったが、キップはあっても買えないことがしばしば起こる。こうしたなか、それまでは家畜の餌であったカブラ（カブ）が、パン用粉の増量材やジャガイモのかわりとして、貴重な食料となった。多くの人びとが深刻な飢えに苦しんだ。特に、貧しい人びとや病人、高齢者などは、乏しい配給の他に食料をえることができない。このため、1914年～1918年、栄養失調による死亡者は70万人を超えた」

ドイツ『過去への旅』

「月日がたつにつれ配給は減り、しばしば停止した。こうした事態にジャガイモと穀物の凶作が追い打ちをかけ、1916年から1917年にかけて飢餓の冬が到来する。毎日の食料は家畜の餌のカブラにとってかわった。"カブラのスープ"、"カブラのママレード"、"カブラのコーヒー"が主な食料になったのだ。……栄養失調で人びとは体重の20%を失った。……多くの資源も欠乏した。植物油はサクランボなどの種からしぼり、軍需工場では革製ベルトの代用品に女性の髪の毛を使った。だが、これらの代用資源が欠乏の緩和につながることはなかった」

ドイツ『歴史の討論会』

パンの値上がり（円形パン１個の値段＝1917年の0.54マルクが23年１月400マルク、23年11月2010億マルク）を表に示したうえで、「いたるところ貧しく悲惨だ。音楽会場には客が入らず、芸術では暮らしていけなくなった。……この数週間に20件以上の自殺がまた起きた。原因は飢餓と心痛、貧苦と窮乏、それに不満と絶望だった」

英国『20世紀の歴史の学習』

「エセックスの農場へ送られた。きつい仕事だった。時には畑まで８マイル（13㎞弱）も自転車で走り、仕事を終えて夜に宿舎へ戻ることもあった。農作業の手伝いがうまくいかない私たちは、歓迎されていなかっただろう。宿舎ではソーセージをよく食べさせられた。９ヶ月間、毎日だった。ソーセージの煮込みには慣れたが、ひどくまずかった」（８万人以上が参加した「女性援農隊（ウィメンズ・ランド・アーミー）」の回想記）

英国『発展する歴史』

「イギリスは多くの食料を輸入していた。そのため、極端な対応策をとらなければ、敵の攻撃によって国民は飢えを強いられ、降伏もしかねない。政府は、第一次大戦で銃後の食料供給に失敗した経験をふまえ、すみやかに食料の配給制度を実施した」
「緑色の配給手帳が交付された妊婦は、果物を優先的に購入し、卵は一般国民の２倍を買うことができた。また、（５歳から16歳までの）子供には青色の配給手帳が配られ、毎週、果物と牛乳半パイント（0.28ℓ）の購入が許されていた」

ドイツ『歴史の時刻表』

「1945年まで動いていた鉄道や輸送施設の40％が機能不全に陥り、食料や生活必需品の配給はさらに困難となった。……特に1946年から1947年にかけた極寒の冬は”飢餓の冬”として今も人びとの記憶にとどまる。多くが最低限の生活、あるいはそれ以下で暮らしていた。一日一人当たり少なくても2000キロカロリーの食物が必要だったが、46年のアメリカ軍占領地域では、配給が1330キロカロリーしかなかった。ソ連の地域では1083、イギリスの地域では1056、フランスの地域ではわずか900キロカロリーにすぎない。栄養不足が欠乏症と高い死亡率をもたらした」

戦時中の食料難を、生徒たちの討論や研究課題にとりあげる教科書も少なくない。
例えば朝食は「トーストにオートミールあるいはシリアル、牛乳またはミルクティ、それにときどき卵」、夕食は「野菜スープにジャガイモ、牛肉やマトンなど各種の肉料理、それに乾燥果物やケーキ」といった、政府推奨の週間献立表をのせる中学の教科書は、「戦争中の一週間の配給量を頭におきながら、当時の朝食と現在の朝食を比較してその違いをあげ、どちらが良いと思うか、理由をつけて説明せよ」との課題を提起する。また、「なぜ多くの国民が配給を公正なシステムだと評価したのか、その理由を述べよ」、「"勝利のために耕せ"の運動は勝利をもたらすのに役立ったのか、級友と意見を交換せよ」などと、戦時中の食料事情について、生徒たちに様々な方向から考えさせようとする。

日本の教科書から消えた食料難の記述

一方、戦中・戦後の食料難が日本の高校歴史教科書に登場するのは、1950年代初めからである。その後、1990年代なかばまでの歴史教科書は、食料難に関する記述をほぼ改訂ごとに増やしていた。

ところが、2014年度使用の高校歴史教科書『日本史Ｂ』19点を見ると、「食料生産は労働力不足のためいよいよ減少し、生きるための最低の栄養も下まわるようになった」といった形で、多くの教科書がこうした簡潔な記述で済まし、戦後の食料難を４～５行の文章に記述する教科書は７点あるが、他の12点は１～３行、あるいは脚注で触れているのみである。人びとの窮乏を思い起こさせる写真も減少している、と薄井氏は指摘する。戦後の日本は、ある時点から権力者に不都合な過去を消し始めた。過去の過ちを繰り返さないためには過去を直視しなくてはならない。過ちの歴史をもみ消しては未来はない。筆者の指摘にfacebookを通じて下記のコメントが寄せられた。

「農村では権力的にコメが収奪され、農家である我が家でも私の一番上の姉は、５歳で栄養失調で亡くなりました。……４歳？の私も弟も栄養失調でした。母が『カタツムリを採っておいで』とザルを渡してくれました。カタツムリを食べる習慣のない当時、グルメやゲテモノ食いとしてではなく、生き残るためとして母はそう言ったのです。……弟と河原で数十個採ってきました。母はそれを煮つけてくれました。全身に染み渡ってくれたあの味は、今でも忘れません。1950年ころのことです」

私たちは、こうした重い過去を若い世代に引き継ぐための情報収集と普及活動を国民的に展開すべきではなかろうか。

コロナ・ショックで露呈した食の脆弱性と処方箋

頻発する輸出規制

新型肺炎の世界的大流行（コロナ・ショック）によって、物流（サプライ・チェーン）が寸断され、人の移動も停止し、それが食料生産・供給を減少させ、買い急ぎや輸出規制につながっている。

すでに、小麦の大輸出国ロシア、ウクライナ、コメの大輸出国ベトナム、インドなどをはじめ、世界の17の国・地域が輸出規制に動き出している（2020年４月23日ＷＴＯ（世界貿易機関）「新型コロナウイルス関連の輸出禁止・制限措置に関する報告書」）。それらにより一層の価格高騰が起きて食料危機になることが、今懸念されている。

日本の食料自給率は37％、我々の体を動かすエネルギーの63％を海外に依存している。ＦＴＡ（自由貿易協定）でよく出てくる原産国ルールに照らせば、日本人の体はすでに日本産ではないとさえいえる。食料輸入がストップしたら、命の危険にさらされかねない。

輸出規制は簡単に起こりうるということが、今回も明白になった。ＦＡＯ（国連食糧農業機関）、ＷＨＯ（世界保健機関）、ＷＴＯの事務局長が連名で共同声明を出し、輸出規制の抑制を求めた。しかし、これは無理だ。

輸出規制は国民の命を守る正当な権利であり、抑制は困難である。過度の貿易自由化が多数の輸入依存国と少数の生産国という構造を生み、それがショックに対して価格が上昇しやすい構造を生み、不安心理から輸出規制も起こりやすくなり、自給率が下がってしまった輸入国は輸出規制に耐えられなくなっている。だから、今行うべきは過度の貿易自由化に歯止めをかけ、各国が自給率向上政策を強化することである。自給率向上も、輸入国が自国民を守る正当な権利である。

実は、４月23日のＷＴＯ報告にあるように、ＧＡＴＴ第11条「数量制限の一般的廃止」により、関税その他の課徴金以外のいかなる禁止または制限も新設・維持してはならないとされている。

GATTの例外的な輸出禁止・制限措置

しかし一方で、加盟国は各協定の規定に基づき例外的に輸出の禁止および制限のための措置をとることができるとされている。それは、次の二つの条項に記されている。

①**ＧＡＴＴ第２第２項（a）**：「輸出の禁止又は制限で、食料その他の不可欠な産品の危機的な不足を防止し、又は緩和するために一時的に課するもの」については、適用しない。

②**ＧＡＴＴ第20条（b）**：「人、動物又は植物の生命又は健康の保護のために必要な措置」を採用すること又は実施することを妨げるものと解してはならない。

これに対し、1993年のウルグアイ・ラウンド農業協定で、食料の輸出制限を行う場合の条件として日本提案で盛り込まれたのが、次の食料安全保障への配慮と通報である。

③**農業協定第12条**：「輸出の禁止又は制限を新設する加盟国は、当該禁止又は制限が輸入加盟国の食料安全保障に及ぼす影響に十分な考慮を払う」こと及び「輸出の禁止又は制限を新設するに先立ち、農業に関する委員会に対し、実行可能な限り事前かつ速やかにそのような措置の性質及び期間等の情報を付して書面により通報する」ことを遵守する。

筆者は、ウルグアイ・ラウンド当時から、輸出規制を抑制するための条項にこだわる日本政府の努力をあまり意味がないと指摘していた。現に、こうした条項は2008年の世界食料価格の高騰や今回の輸出規制の動きに対し、なんの歯止めにもなっていない。

一層の貿易自由化を求めるショック・ドクトリン

今回のＦＡＯ、ＷＨＯ、ＷＴＯの共同声明は、輸出規制の抑制と同時に、一層の食料貿易自由化も求めている。輸出規制の原因は貿易自由化なのに、解決策が貿易自由化とは論理破綻も甚だしい。コロナ・ショックに乗じた「火事場泥棒」的ショック・ドクトリン（災禍に便乗した規制緩和の加速）であり、看過できない。

貿易自由化も含めた徹底した規制緩和を強要すれば途上国農村の貧困を増幅させて、グローバル企業を儲（もう）けさせるだけだ。

我々は、このような一部の利益のために農民や市民が食いものにされる経済社会構造から脱却しなくてはならない。食料の自由貿易は見直し、食料自給率低下に本当に歯止めをかけなければならない瀬戸際に来ていることを、もう一度思い知らされているのが今である。

危機に強い社会システムの構築へ

ここにきて、店頭でも輸入牛肉が売れ残り、国産が売れているとの情報もある。国産志向が購買行動にも表れてきているとしたら、明るい兆しである。厳しいコロナ禍の中で、このような機運が高まっている今こそ、安全・安心な国産の食を支え、国民の命を守る生産から消費までの強固なネットワークを確立する機会にしなくてはならない。

農家は、自分たちこそが国民の命を守ってきたし、これからも守るとの自覚と誇りと覚悟を持ち、そのことをもっと明確に伝え、消費者との双方向ネットワークを強化して、安くても不安な食料の侵入を排除し、自身の経営と地域の暮らしと国民の命を守らねばならない。消費者は、それに応えてほしい。それこそが強い農林水産業である。

特に、消費者が単なる消費者でなく、より直接的に生産にも関与するようなネットワークの強化が今こそ求められてきている。世界で最も有機農業が盛んなオーストリアのペンカー（Penker）教授の「生産者と消費者はＣＳＡ(Comnunity Supported Agriculture = 地域支援型農業。ＣＳＡ研究会などの意訳では産消の近接提携）では同じ意思決定主体ゆえ､分けて考える必要はない」という言葉には重みがある。全国各地で、行政・協同組合・市民グループ・関連産業などが協力して、住民が一層直接的に地域の食料生産に関与して、生産者と一体的に地域の食を支えるシステムづくりを強化したいところである。

政策的には､「慌てて緊急対策」ではなく、危機で農家や中小事業者や労働者が大変になったら､最低限の収入が十分に補填される仕組み(例えば、農家の再生産に最低限必要な価格水準と下落した市場価格との差額を補填する米国の不足払制度のようなシステム）が機能して確実に発動されるよう、普段からシステムに組み込んでおくことが必要だ。

国民の命と暮らしを守れる安全弁＝セーフティネットのある、危機に強い社会システムの構築が急がれる。危機になって慌てても、危機は乗り切れない。

貿易政策の変化と食料自給率を再検証

■

昭和、平成を通じての
貿易政策の変化を整理・評価

貿易政策が我が国の食料生産・消費構造と食料自給率の変化に与えた影響は大きい。本章では、昭和、平成を通じて、貿易政策の変化とその影響を整理・評価するとともに、今後の展開を展望する。

筆者は、大学卒業と同時に農林水産省に入省して国際部に配属されたのを契機として、大学に転出してからも、何十年に及んで農産物貿易自由化をめぐる国際交渉と関わり続けてきた。WTO（世界貿易機関）の多国間交渉のみならず、日韓、日チリ、日モンゴル、日中韓、日コロンビアFTA（自由貿易協定）などの産官学共同研究会委員として様々なFTAの実質的な事前交渉にも関与した。それは、一言でいうと、まさに農産物貿易自由化圧力との闘いの歴史である。

塩飽二郎氏（元農林水産審議官）も、「我が国の過去 50年間にわたる様々な貿易交渉への対応は、一貫して農産物分野の市場アクセス拡大に対する輸出国の攻勢に対する受身のdefense に圧倒的な力点が置かれたことに特色があった」と述懐している（塩飽 2011）。

昭和(1926 ～ 1989年)の貿易政策

GATT/WTO体制下での漸進的自由化の模索

歴史を振り返ると、WTOの前身であるGATT（関税と貿易に関する

一般協定）体制は、1929年の米国大恐慌を発端に始まった世界のブロック経済化と関税引き上げなどの報復合戦、そして最終的にそれが第二次世界大戦を招いた反省から、戦後の1947年に、どの国にも無差別に、相互・互恵的に関税その他の貿易障壁を低減し、多角的に世界貿易を拡大することを基本的精神として発足した。

これを拡大発展させる新たな貿易ルールを作るとともに、このルールを運営する国際機関として1995年に設立されたのがWTOである。つまり、GATT/WTO体制のメリットは、戦争の反省から生まれた「最恵国待遇」（Most Favored Nation Treatment）に基づく「無差別原則」にある。「最恵国待遇」とは、例えば、日本がタイにコメ関税をゼロにしたら、世界のその他のすべての国に対してもコメ関税をゼロにしなくてはならない、という考え方である。

GATT/WTO体制に基づく貿易自由化交渉は、数次にわたるラウンドと呼ばれる多国間交渉で、当面の貿易障壁削減のルールとスケジュールを議論して定める（全会一致）ことを繰り返してきた。

第１回（1948年、ジュネーヴ）から、第６回ケネディ・ラウンド（1964～1967年）、第７回東京ラウンド（1973～1979年）、第８回ウルグアイ・ラウンド（1986～1994年）、いまだ妥結できずに頓挫している第９回ドーハ開発ラウンド（2001年～）まで、壮絶な交渉が繰り広げられてきた。

日本は1955年にGATTに加盟した。日本の食料難と米国の余剰穀物処理への対処として、早い段階で実質的に関税撤廃された大豆、トウモロコシ（飼料用）、輸入数量割当制は形式的に残しつつも大量の輸入を受け入れた小麦、日本人は食べないとして数量割当から外したナチュラル・チーズ、丸太などの関税を撤廃した林業などの品目・分野では、輸入急増と国内生産の減少が加速し、自給率の低下が進んだ。

とりわけ、小麦、大豆、トウモロコシ生産の激減と輸入依存度が90～100％に達するという事態は貿易自由化が日本の耕種農業構造を大きく変えたことを意味する。一時は自給率が10％台に落ち込んだ木材も、林業と山村の衰退を招いた。

しかし、コメを筆頭に、バター・脱脂粉乳、牛肉、豚肉などの重要品目（センシティブ品目）を中心に、関税ではなく、輸入数量そのものを制限する輸入数量制限品目をできるかぎり維持し、我が国がGATT加盟後に参加したケネディ・ラウンドや東京ラウンドまでは、輸入数量の漸進的拡大と関税の漸進的削減の交渉を粘り強く続けた。

一方、米国からは、70年代･80年代には貿易黒字の増加を背景に、牛肉、オレンジ、その他の12品目の輸入数量制限の撤廃を迫られ、昭和の終わる1988年に、牛肉、オレンジ、その他の７品目の輸入数量制限の撤廃などに合意した。この日米合意は、昭和末期の1986年に開始されたウルグアイ・アイランド（UR）合意を先取りするもので、URは過去のラウンドとはステージを異にする「例外なき関税化」に突き進むことになった。

平成（1989 ～ 2019年）の貿易政策

劇的なウルグアイ・ラウンド合意

平成初期の1993年に合意されたURでは、輸入数量制限の全廃＝例外なき関税化に加え、国内政策もカバーし（貿易歪曲性の高さにより分類し[注1]）、包括的な規律の設定と支持・保護の引き下げが実現した（我が国はコメの関税化の猶予措置を確保したが、代償としての輸入枠拡大に耐え切れず、1999年に関税化へ切り換えた。その評価については、生源寺2020などを参照）。

「我が国の基本的立場を支えた理念は、時代により表現に変化はあったものの、農業の持つ多面的な役割への配慮の必要性だった。アングロサクソン特有の功利的な哲学に裏打ちされたガットや WTOにおいては、このような理念の主張のみを掲げた交渉には著しい限界がある。とりわけUR交渉においては、関税を唯一の保護手段に掲げ、『例外なき関税化』が圧倒的な要求になった。このような場合、それに対抗する実効的手だてを理念に求めることは大きな制約がある」と塩飽氏は述懐している（塩飽 2011)。

（注１）生産量のkg当たりの補助金よりも作付面積の10a当たりの補助金の方が生産刺激的でなく、貿易を歪曲しないので優れているという視点に立つが、面積当たりの直接支払いであっても、収入が増える以上、農家の増産意欲は高まるのが現実なので、生産制限を要件とするものでないかぎり、生産刺激性がどれだけ低いのかについて再検証が必要と考えられる。

漂流したドーハ・ラウンド

また、2001年からはGATTの後継機関であるWTOにおいて、途上国の経済水準の向上を重点に掲げ、「ドーハ開発アジェンダ」(DDA：Doha Development Agenda) の名称の下に多角的貿易交渉が行われてきたが、未だに決着がついていない。UR交渉までは、米国とEUが合意すれば終結するという構図が成立していたが、WTO加盟国が増加して、途上国の発言力が増したドーハ・ラウンドではその構図が崩れた。新たな構図は、端的に言うと、「農業保護を温存しながら途上国に保護削減を迫る先進国に対する途上国の反発」である。

その中でも、大きな争点の一つになっているのは輸出補助金である。実は、ドーハ・ラウンド交渉の過程で、2013年までにすべての輸出補助金を廃止することが決定された。しかし、それは表面的な話で、世界は「隠れた」輸出補助金に満ち満ちているのである。このことをよく認識する必要がある。

ドーハ・ラウンド交渉が合意に失敗した大きな要因として、米国が農業の国内補助金の削減で譲歩しなかったことが挙げられているが、ブラジルをはじめ各国が米国の農業補助金を厳しく攻撃したのは、それが実質的には輸出補助の効果をもち、米国農産物の国際市場における競争力を不当に高め、ブラジル等の他の輸出国に著しい損害を与えているとの見方に根ざしている。

米国の「不足払い」の補助金は国内販売と輸出向けを区別せずに支払われているが、輸出向けについては明らかに輸出補助金に相当すると経済学的には（と言わずとも常識的にも）考えられる。しかしながら、法律論上はそうはならない。その理由は、「輸出を特定した（export contingent）支払い」ではないからである。輸出を特定した支払いとして制度上仕組まれているもののみが輸出補助金だというのがWTO規定上の定義であるから、法律的には輸出補助金ではなく、撤廃の対象にはならない。なんと形式的な解釈か。

日本のように、「従来から輸出補助金を使用していなかった国は新たに輸出補助金を導入してはならない」ことになっているから、実質的な輸出補助金が温存されている事態は、我が国にとっても非常に不公平なことである。さらには、輸出国は「隠れた」輸出補助金を温存したまま、輸入国に対して関税削減を要求しているという構図になり、2013年までに撤廃された輸出補助金が実は氷山の一角であるとすると、このままでは、関税の低くなった日本市場に、実質的輸出補助による低価格農産物が大量になだれこむという不公平な貿易が認められてしまうことになりかねない。

FTAへの舵切り

ドーハ・ラウンドの行き詰まりから多国間交渉に見切りをつけて、2国ないし数か国間のFTAが増加し始める。多角的貿易主義の信奉国であった我が国も二国間取り決め志向に転換し、2002年、シンガポールとの間で のEPA（経済連携協定）を皮切りに、2020年1月までに、メキシコ、マレーシア、チリ、タイ、インドネシア、ブルネイ、ASEAN全体、フィリピン、スイス、ベトナム、インド、ペルー、オーストラリア、モンゴル、TPP11（米国を除いた11か国によるTrans-Pacific Partnership Agreement ＝環太平洋連携協定)、日EU、日米と、全部で18の国・地域との EPAないしFTAを発効した。

特定の国・地域間での差別的な貿易ルールを締結するFTAはWTOの

無差別原則を真っ向から否定する相容れないものであり、WTOはFTAを基本的に禁止している。農水省も日本全体もそうだったが、「FTAは特定の国だけを優遇して関税撤廃するわけだから貿易を歪める。だから、こんなものをやってはいけない」と、政府や国際経済学者でも反対が多かった。

しかし、政府がFTAに舵を切ると、国際経済学者も手のひら返しになった。すべての国に同じ条件を適用するMFN（最恵国待遇）原則が経済学的に正しいとして、2000年頃まではFTAを批判し、「中でも日米FTAが最悪」と主張していた日本の国際経済学者は、TPP礼賛に変わり、ついに日米FTAまで来てしまった。こうした事態の展開をどう評価するのか。当時、政府のFTA関係の委員会で「変節」への説明を求めた筆者に「理屈を言うな。政府の方針なのだ」と一喝した大家の言葉が忘れられない。

農水省は最初、本当に頑張って抵抗した。漸減的なWTOに対してFTAはいきなりの関税撤廃が基本である。「オーストラリアやニュージーランドや米国とFTAを結んだら日本の農業はひとたまりもない」ということで、なんとかしようとしたけれども、オーストラリアと結び、11か国で環太平洋連携協定（TPP）も結び、今度は日米貿易協定交渉である。平成の最初の段階でやってはいけないと言われていたことをすべて実行している。多くの農水省職員やOBにとっては断腸の思いだろう。重要５品目を除外する国会決議も守られなかったが、コメなどの被害を最小限に食い止めるために農水官僚が必死に頑張ったのは確かだ。

コメが典型だが、これまで締結したすべてのFTA、EPAにおいて、重要品目への対応は、当該国だけにFTA特別輸入枠を設定することで、全面的自由化は回避してきた。その手法は、メキシコに始まり、基本的に、ずっと受け継がれており、TPP交渉でも崩されておらず、農産物の関税撤廃率は82%という従来にない高い水準になったが、重要品目についての最低限の配慮は確保し続けているのである。

TPP交渉でも最後まで揉めたのは自動車だった。しばしば「農業のせいでこれまでのFTAが進まなかった」と指摘されるのは間違っている。筆者は今まで様々な国とのFTAの事前交渉に学者の立場で参加してきたので、その実態をよく把握している。例えば、日韓FTAの交渉が農業分野のせいで中断しているというのは誤解である。

いちばんの障害は製造業における素材・部品産業である。というのは、韓国側が、日本からの輸出増大で被害を受けると政治問題になるので、「日本側から技術協力を行うことを表明して欲しい。それを協定の中で少しでも触れてくれれば国内的な説明がつく」と言って頭を下げたが、日本の担当省と関連団体は、「そこまでして韓国とFTAを締結するつもりは当初からない」といって拒否したのである。これには筆者も驚いたが、韓国も、「FTAをいちばんやりたいと言っていたのは日本側じゃなかったのですか」と憤った。FTAをいちばん推進したいと言っている人たちが交渉を止めているのが実態である。にもかかわらず、報道発表になると、「また農業のせいで中断した」と説明される（交渉を止めてしまった経済官庁の張本人が記者会見でそう説明するのだから唖然とする）。

日マレーシア、日タイFTAについても、農業分野が先行的に合意し、難航したのは、鉄鋼や自動車であった。日本は品目数で９割の農産物関税が３％程度という低さだから、かなりの撤廃を受け入れて、困難なコメなどについては、相手国への農業支援を打ち出して「自由化と協力のバランス」をとることで、例外扱いすることに納得してもらっている。最後まで難航したのは、日本側が相手国に徹底した関税撤廃を求めた自動車や鉄鋼だった。チリとのFTAでは銅板が大きな課題だった。

日本の銅板の実効関税は1.8%と低いが、国内の銅関連産業の付加価値率、利潤率は極めて低いからわずかな価格低下でも産業の存続に甚大な影響があるとし、所管官庁は関税撤廃は困難だとして守り通している。総じて、相手国から指摘されるのは、日本の産業界はアジアをリードする先進国としての自覚がないということである。自らの利益になる部分は強硬に迫り、産業協力は拒否し、都合の悪い部分は絶対に譲らない。

TPPは2016年に署名されたが、推進役であった米国の国内で、「格差社会を助長する」「国家主権が侵害される」「食の安全が脅かされる」などの反対世論が拡大したため、大統領選挙の争点となってすべての大統領候補がTPPからの離脱を公約する事態となり、トランプ大統領が就任直後の2017年、米国は離脱を表明した。

米国の離脱後は、残り11か国による協定発効に向けた協議により、2017年に一部の規定を凍結したうえでの協定発効が大筋合意され、2018年にTPP11（正式名称は、CPTPP＝Comprehensive and Progressive Agreement for Trans-Pacific Partnership）として署名に至り、日本では国会承認が完了した2018年末に発効した。日本は、食料・農業については米国を含む元のTPPで合意した内容のほとんどを、米国離脱後もそのまま残りの11か国に適用した．それによって日本との農産物貿易（特に牛肉や豚肉）において他の11か国より不利な条件に置かれた米国は、「失地回復」するための日米２国間の貿易協定交渉をほどなく開始し、牛肉・豚肉など一部の品目を含むかなり部分的な協定が2020年１月に発効した。

このほか、日本とEUとのFTAも元のTPP水準をベースとして、チーズなどの一部の品目でTPPを超える貿易自由化を含む形で合意し、2019年初めに発効した。これらを総合すると、元のTPPは米国の離脱で発効できなかったものの、日本にとっては食料・農業の貿易自由化による国内への影響は元のTPPを超えるレベルになることが懸念される。(注２)

（注２）一方、アジア諸国中心の協定として、日中韓３か国にASEAN10か国、それにオーストラリア、ニュージーランド、インドを加えた16か国によるRCEP（Regional Comprehensive Economic Partnership、東アジア地域包括的経済連携）の交渉も2013年から行われていたが、2020年に妥結した。日本の農産物の関税撤廃率はTPPと日EUの82％に比し、対中国56％、対韓国49％（韓国の対日本は46％）、対ASEAN・オーストラリア・ニュージーランドは61％と大幅に低く、日本が目指したTPP水準は回避され、ある程度、柔軟性・互恵性が確保された。

平成末期の畳みかける貿易自由化の特質

平成末期には、畳みかけるようにFTA、EPAによる貿易自由化が進んだが、その進め方には共通した特徴がある。TPP断固反対として選挙に大勝し、あっという間に参加表明し（「聖域なき関税撤廃」が「前提」でないと確認できたとの詭弁）、次は、農産物の重要５品目は除外するとした国会決議を反故にし（「再生産が可能になるよう」対策するから決議は守られたとの詭弁）、さらに、米国からの追加要求を阻止するためにとしてTPPを強行批准し、日米FTAを回避するためにTPP11といって、本当はTPP11と日米FTAをセットで進め、日米共同声明と副大統領演説まで改ざんして、これはTAG（捏造語）というものでFTAでないと強弁して日米FTA入りを表明した。

果ては、「Customs duties on automobile and auto parts will be subject to further negotiations with respect to the elimination of customs duties」が自動車関税の撤廃の約束を意味する、という理解不能な理由付けで、前代未聞のWTO違反の日米協定を強引に発効させた。そして、次節で解説するように、これらの自由貿易協定は日本経済を大きく成長させ、農林水産業へのマイナスの影響はない、というばら色の影響が「捏造」された。

この影響試算について、生源寺眞一教授は「気になるのは、都合の良いデータばかりを国民に提示していないかということだ。よく、EBPM＝Evidence-Based Policy Making、証拠に基づいた政策立案といわれるが、今はPBEM＝Policy-Based Evidence Making（政策に基づいた証拠づくり）と言えるのではないか」（生源寺 2020）と評している。

貿易政策にかぎらないが、政策全般が、その政策の方向性が妥当かどうかを証拠に基づいて検証して決めるEBPMでなく、政策の方向性が大きく打ち出されて、それを進めるために強引に証拠がつくられてしまうPBEMの傾向が極めて強まり、その強引さは、「ある」はずのものが「ない」となったり、「ない」ものが「ある」となったり、臨界値を超えてしまっているように見受けられる。こうした傾向は日本の将来の経済社会のありようを誤った方向に突き進ませかねない大きな危険性を持っていると言わざるを得ない。

農業政策を決める構図が変容

農業政策は大手町と霞が関と永田町で決められてきた。以前は、大手町は全国農業協同組合中央会（JA全中）、霞が関は農水省、永田町は自民党農林族だった。今は同じ大手町と霞が関と永田町でも、大手町は財界、日本経済団体連合会であり、霞が関は経済産業省、永田町は官邸だ。平成の時代に誰が農政を決めるのかという構図が完全に変わってしまった。「当事者」が蚊帳の外に置かれてしまった。貿易政策では、「農業を犠牲（生贄）にして自動車などの企業利益を増やそう」という人たちの声が一層大きく反映されるようになってきている。

筆者は農林水産省に15年いた。農水省は、農林水産業の発展を目指し、農山漁村や農林水産業を守り、消費者に安心・安全な食料を提供するという使命で頑張ってきた。そうした農林水産業の役割が、平成の間にどんどん壊された。「今だけ、金だけ、自分だけ」で、特定企業などの目先の利益だけが重視され、命を守り、環境を守り、地域を守り、国土を守る農林水産業の役割が軽視され、長期的・総合的な視点が蔑（ないがし）ろにされたら、将来に禍根を残すことは避けられない。

国内制度についても、酪農の指定団体制度も、種子法も、漁業法も、林野の法改定も、農林漁家と地域を守るために、知恵を絞って作り上げ、長い間守ってきた仕組みを、自らの手で無惨に破壊したい農水省の役人がいるわけはほとんどない。それらを「民間活力の最大限の活用」の名目で特定企業への便宜供与のために、自身で手を下させられる最近の流れは、まさに断腸の思いだろうと察する。実は、例えば、漁業法については、「水産庁内での議論がないどころか、案文もほとんどの人は知らなかった」との指摘さえある。霞が関を批判するのはたやすいが、上から降ってくる指令に逆らえば即処分される恐怖の中で彼らも苦しんでいる。

食料の生産・消費構造と
食料自給率への影響を再検証

輸入数量制限品目と食料自給率の推移

これまでの農産物の輸入数量制限の撤廃、輸入枠の拡大、関税削減・撤廃といった貿易自由化が我が国の食料生産を減少させる要因となり、安価な輸入品の消費が伸び、結果的に食料自給率が下がってきたという関係が想定される。単純ではあるが、残存輸入数量制限品目の数と食料自給率を**表３－１**のように並べてみると、ある程度の関連性が読み取れる。もちろん、残存輸入数量制限品目と食料自給率だけを短絡的に単相関で結びつけるのは極めて乱暴なことは言うまでもない。

しかも、この表には、近年、締結が進んだFTAの内容は盛り込まれていない。特に、最近、畳みかけるように締結されたTPP11、日EU、日米FTAの影響は、元のTPPかそれ以上と考えられるので、今後顕在化するであろう、その影響についても精査する必要がある。

政府によるGDP増加効果の試算

TPPの経済効果についての政府の2013年の当初試算では、生産性向上効果として、「価格１％下落→生産性１％向上」と見込み、資本蓄積効果として「GDP（国内総生産）１％増加→貯蓄１％増加→投資１％増加」と見込むことにより、GDPが3.2兆円（0.66％）増加するとした（86ペー

表３－１　日本の残存輸入数量制限品目（農林水産物）と食料自給率の推移

年	輸入数量制限品目	食料自給率	備考
1962	81	76	
1967	73	66	ガット・ケネディ・ラウンド決着
1970	58	60	
1988	22	50	日米農産物交渉決着（牛肉・かんきつ、12品目）
1990	17	48	
2001	5	40	ドーハ・ラウンド開始
2019	5	38	

ジの**表３－２**）。我々は、Kawasaki（2010）の記述に基づいて、生産性向上効果(注３)と資本蓄積効果とを導入して、内閣府の用いたGTAP（国際貿易プロジェクト）モデルをレプリケート（再現）するように試みた。

我々のモデルによる計算では、資本蓄積効果と生産性向上効果を含めると、TPP によって日本のGDPは0.66％、3.1兆円増加すると推定され、政府試算のGDP増加効果（0.66％、3.2兆円）とほぼ一致したので、政府のモデルがほぼ完全に再現できていることがわかる。

このモデルによって、それぞれの効果を分析してみると、実は、TPPの関税撤廃によって直接的には日本のGDPは0.059％、2700億円/年しか増加しないと推定される（**表３－３**）。我々の計算によれば、政府試算のGDP増加効果（0.66％、3.1兆円）の大部分は「生産性向上効果」（1.95兆円）と「資本蓄積効果」（0.88兆円）によっている。

競争が促進されて生産性が向上する効果、所得増加が貯蓄と投資を生み、さらなる所得増加につながる効果をなんらかの形で考慮する試みは否定しないが、この仮定を調整することで、GDPの増加が調整できる。

実際、2015年のTPP大筋合意後の政府試算では、「貿易開放度（GDPに占める輸出入比率）が１％上昇→生産性が0.15％上昇」と見込む(注４)ことで、GDP増加は13.6兆円（2.6％）と、４倍以上に膨らんだ（**表３－２**）。つまり、新たな仮定は、「価格の下落以上にコストが下がる」と仮定し

表３－２　TPP影響試算比較

		GDP	製造業	雇用	農林水産	重要品目（億円）				全面的関税撤廃品目（億円）			
						コメ	牛肉	豚肉	乳製品	鶏肉	鶏卵	落花生	合板・水産物
日本	2010年 農水省	農業派生のGDP減 −7.9兆円		農業派生の雇用減 −340万人	−4.5兆円 （農産物−4.1兆円）	−19,700	−4,500	−4,600	−4,500	−1,900	−1,500	−100	−4,700
	2013年 日本政府（GTAP）	+3.2兆円 （+0.66%）			−3兆円	−10,100	−3,600	−4,600	−2,900	−990	−1,100	−120	−3,000
	2015年 日本政府（GTAP）	+13.6兆円 （+2.6%） （cf.13年の4.3倍）		+79.5万人	−1300～2100億円 （cf.13年の1/20）	ゼロ	−311～625	−169～332	−198～291	−19～36	−26～53	ゼロ	−393～566
	2015年 鈴木宣弘研究室（GTAP）	+0.5兆円 （+0.07%）	自動車 −0.4兆円		農林水産物 −1.0兆円 加工食品 −1.5兆円								
	2015年 鈴木宣弘研究室（100品目積上げ）	農業派生のGDP減 −1.75兆円		農業派生の雇用減 −76.1万人	農林水産業 −1.6兆円	−1,197	−1,738	−2,827	−972				
	2016年 タフツ大学	（−0.12%）		−7.4万人									
アメリカ	アメリカITC（国際貿易委員会） 2016.5.18	+4.7兆円 （+0.15%）	生産も雇用も減		農産物輸出 +7920億円 （うち日本向け+3.960億円） 生産も雇用も増	対日輸出増加 23%	対日輸出増加 923	対日輸出増加 231	対日輸出増加 587				
	2016年 タフツ大学	（−0.54%）		−44.8万人									

注：①資料・篠原孝衆議院議員事務所と鈴木宣弘による作成

②内閣府はGTAPモデルで「価格が１％下落すると生産性が１％向上する」（生産性向上効果1.95兆円）、「GDPが１％増加すると貯蓄＝投資が１％増加する」（資本蓄積効果0.88兆円）を仮定して、当初3.2兆円（0.66%）のGDP増加と試算したが、この二つの仮定を外すと関税撤廃の直接効果は2700億円（0.059%）のGDP増加しかないことを意味する。再試算でGDP増加が13.6兆円と4.3倍になったのは「貿易開放度（GDPに占める輸出入比率）が１％上昇すると生産性が0.15%上昇（TPP11では0.1%）」という仮定で、生産性向上効果を「強化」した結果である

③農水省試算の農林水産物の生産減少額が再試算で１/20になった要因の一つは「価格が１円下落すると生産コストも１円下落するか、１円の追加補助金で価格下落が相殺されるため生産量・所得は変化しない」という仮定にある

④タフツ大学は失業が生じない（余剰労働力は他部門で完全に吸収される）という仮定を外したモデルで、日米両国とも失業が発生してGDPは減少すると推定した

表３－３　TPPによるGDP0.66％増加の内訳

	GDP 増加率（％）	GDP 増加額（兆円）
総計	0.662	3.11
関税撤廃	0.059	0.27
生産性向上効果	0.418	1.95
資本蓄積効果	0.189	0.88

注：①資料・鈴木研究室グループ試算
②1ドル=100円換算

ていることを意味する。「価格が10％下落してもコストが10％以上下がる」と仮定すれば、そこを調整することでGDPはいくらでも増やせる。生産性向上効果はドーピング剤である。

まず、価格下落以上に生産性が伸びるとか、GDP増加と同率で投資が増えるとか、恣意的な仮定を置かずに、純粋に貿易自由化（関税撤廃など）の直接効果だけをベースラインとして示し、そのうえで、生産性向上がこの程度あれば、このようになる可能性もある、という順序で示すのが、正常な姿勢であろう(注５)。

これは、政権としてTPP推進にはGDP効果がもっとあることを示すべきとの要請に応じて、試算が「改ざん」されたことを意味する。まさに、EBPMであるべきものがPBEMになってしまっている。こんなことを本当にやりたいと思っている役所の研究者がいるわけがないが、彼らはやらざるを得ない。深く同情する。

（注３）1％ の国内価格減少が 1％ の生産性（TFP=Total Factor Productivity）の向上をもたらすことを ad hoc に仮定しているとみなした。我々は、輸入価格の下落率と国産品価格の下落率の加重平均を取った「国内価格の下落率」を使った。
（注４）価格下落以上にコストが下がるという生産性向上により実質賃金も上がると仮定して、「実質賃金１％上昇→労働供給0.8％増加」と見込む「労働供給増加メカニズム」も加えた。

（注５）小さな注記で、直接効果のみではGDP増加は 1.8兆円（0.34%）と書いてはある。

政府による農業への影響試算

農林水産業への影響試算については、政府の中にあっても、なんとか日本の食料と農業を守るために頑張ってきた農水省は苦しんだ。当初は４兆円の被害が出ると試算していたが、政府部内での影響が大きすぎるとの批判に応じて2013年には３兆円に修正した。それが2015年には1300億～2100億円程度と20分の１に圧縮された。まったく整合性のない数字を出すにあたって内部でも異論はあった。これほど意図が明瞭な試算の修正は過去に例がない。「TPPはばら色で、農林水産業への影響は軽微だから、多少の国内対策で十分に国会決議は守られたと説明しやすくするために数字を操作した」と自ら認めているようなものである。まさに、PBEMである。これほどわかりやすい数字操作をせざるを得なかった試算の当事者にはむしろ同情する。

数字を小さくする試算手法は、TPP11や日米協定にも引き継がれた。これらは、①生産量が変化しない、②農家の実質的な手取り価格も変化しないことを前提に計算されている。関税撤廃・削減や輸入枠の増大によって価格が下落しても生産量も農業所得も一切変化しない、と仮定することに現実性はない。これを「影響試算」と呼ぶのは無理がある。

本来、価格（P）が下がれば生産（Q）は減るので、価格下落（△P）×生産減少量（△Q）で生産額の減少額（△PQ）を計算し、「これだけの影響があるから対策はこれだけ必要だ」の順で検討すべきところを本末転倒し、「影響がないように対策をとるから影響がない」と主張していることになる。

農産物価格が10円下落しても差額補填によって10円が相殺されるか、生産性向上対策の結果、生産費が10円低下する、つまり、実質的な生産者の単位当たりの純収益は変わらないから、生産量Qも所得も変わらな

急増するメキシコ産グリーンアスパラガス

売り場の米国産ネーブルオレンジ

い、という理屈である。「影響がないように対策をとった」ことを前提に試算した農産物の生産減少額を基に対策を検討するのは論理矛盾である。

貿易政策の影響評価と今後の展望

政策の方向性ありきで、それが及ぼすネガティブな影響を過小に「捏造」してしまったら、政策の方向性を間違えてしまいかねない。

そこで、我々は、農林水産物の過去の15年間の品目別の実際の価格と生産量の統計データから価格が１％下落したら生産量が何％減少したかという関係を統計学的に推定して、自由化による価格下落がどれだけの生産量の減少につながるかを一定の合理性をもって試算した。また、①ブランド品の価格低下は通常品の２分の１とか、②輸入枠の増加は在庫の増加で吸収するから国内価格への影響がない、③加工原料乳価の下落は飲用乳価格に影響しない、④果汁の価格下落と輸入増は果物の生食需給に影響しないといった非現実的な仮定が国の試算では行われている。我々はそれを改善した。

①については、和牛価格も輸入価格と連動していること（輸入牛肉1円下落でA5ランクの牛肉は0.87円下落）を過去のデータから統計学的に推定し、②についても、在庫の増加が価格を引き下げる圧力となること（バター在庫1割増で価格は2.6％下落、脱脂粉乳在庫1割増で価格は2％下落）を過去のデータから統計学的に推定し、一定の合理性を担保して価格下落による生産量・生産額への影響を試算した。

③については、加工原料乳価の下落と同じだけ飲用乳価が下落しないと北海道と都府県との関係で生乳需給が均衡しないことを組み込んだ。

④については、例えば、ブドウ果汁の輸入価格の1％の下落によって国内のブドウ供給は0.51％減少することを過去のデータから統計学的に推定した。さらに、コメについては、SBS（売買同時契約）米が1％下落すると国産業務用米が0.536％下落する関係、業務用米が1％下落すると家庭用米が0.476％下落する関係も統計学的に推定して試算に組み込んだ。

政策立案姿勢への転換が必要

我々の試算からは、昭和、平成期を通じて進められた貿易自由化政策による農業生産構造の脆弱化と平成末期のごく最近年に畳みかけるように発効した新たな自由貿易協定による今後の影響とを合わせた複合的影響の深刻さを踏まえて、これ以上の貿易自由化を進めるのか、国内対策をどのように組み合わせるのかを慎重に議論しないと、「影響はない」という証拠をつくりだすことで短絡的に突き進むPBEM的な方向性は、将来の日本の食、農、環境、地域の存続を脅かすことが危惧される。今こそ、政策立案姿勢のEBPMへの転換が必要である。

すでに、メガ・ギガファームなどの一部の巨大経営が出現しても、中小農業経営の離脱・縮小による生産減少分をカバーしきれず、総生産の減少が止まらない局面に入っており、このままでは国民への国産食料の供給と自給率が危機的レベルになりかねないという将来展望から明確に示唆されることは、国民に安全な食料を安定的に確保する食料安全保障の観点からも、農村社会の持続的な発展の観点からも、資源・環境・国土の健全な保全の観点からも、一部の企業的経営の振興という政策の方向性だけではなく、長期的・総合的観点に立って、中小規模の家族農業など、多様な農業経営の役割を再認識することが不可欠だということである。

折しも、2020年の新たな食料・農業・農村基本計画では、規模を問わず、多様な農業経営が持続できることの重要性が再確認されている。今後の貿易政策、そして、その影響を緩和するための国内政策についても、新しい基本計画の精神がしっかりと実現されるように具体化が行われることを期待したい。

〈引用・参考文献〉

荏開津典生・鈴木宣弘（2020）『農業経済学（第５版）』岩波書店
Kawasaki Kenichi（2010）, The Macro and Sectoral Significance of an FTAAP, ESRI Discussion Paper Series No.244
塩飽二郎（2011）「国際化と食料・農産物輸入」『平成22年度 食料・農業・農村白書＜巻末付録＞年次報告50年を振り返って』
生源寺眞一（2017）『完・農業と農政の視野』農林統計出版
生源寺眞一（2020）「コメ関税化拒否は判断ミス、身勝手な緊急輸入」『平成農政の真実～キーマンが語る』筑波書房
鈴木宣弘（2020）「規制緩和で農林水産業が破壊」『平成農政の真実～キーマンが語る』筑波書房
田村優斗・姜薔・佐藤赳・鈴木宣弘（2017）「飼料用米利用による稲作・畜産経営への影響に関する調査研究」『共済総合研究』74, pp.78-103

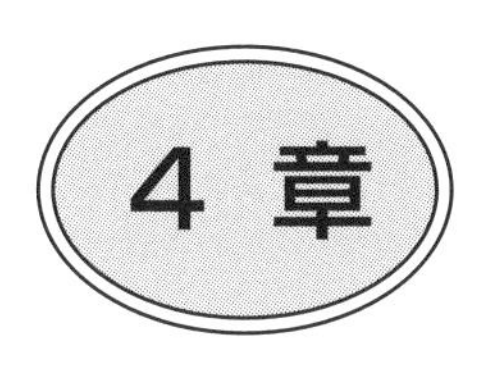

グローバル化の歪みで食・農が貶められる

■

過度な自由化による自給率低下と生産・流通の脆弱性

いざというときの食料確保は困難

自由化しすぎて輸出規制も起こりやすくなり、自給率が下がって輸出規制に耐えられなくなっているのに、もっと自由化しろ、とは論理破綻も甚だしい。コロナ・ショックに乗じ、さらなる貿易自由化を推し進めようとするのは看過できない。過度の自由化への反省と各国の食料自給率向上こそが解決の処方箋である。

もちろん、これだけ海外依存度の高い日本の食料流通において、海外依存から脱却することは不可能であるが、今回の経験を踏まえたリスク分散対策と、輸入品においても安全・安心な食品確保を徹底することの重要性が再確認された。すでに、小麦の大輸出国ロシア、ウクライナ、コメの大輸出国ベトナム、インドなどをはじめ、世界の17の国・地域が輸出規制に動き出している（2020年４月23日WTO「新型コロナウイルス関連の輸出禁止・制限措置に関する報告書」)。輸出規制は簡単に起こりつつある。４月１日、FAO、WHO、WTOの事務局長が連名で共同声明を出し、輸出規制の抑制を求めた。しかし、これは無理だ。

2008年の食料危機に際しても、筆者は指摘した。「輸出規制を規制すればよいだけだ」との能天気な見解もあるが、国際ルールに、かりになんらかの条項ができたとしても、いざというときに自国民の食料をさておいて海外に供給してくれる国があるとは思えない。もしあったとすれば、むしろその方がおかしい。食料確保は、国家の最も基本的な責務だ。

原因は自由化なのに「解決策は自由化」は論理破綻

しかも、FAO、WHO、WTOのトップの共同声明では、２章でも触れたように輸出規制を抑制すると同時に、九州大学の磯田教授が指摘している通り、食料貿易を可能なかぎり自由にすることの重要性も述べている。輸出規制の根本原因は貿易自由化の進展なのに、解決策は自由貿易だというのは狂っている。2008年の食料危機の経験から何も学んでいない、情けない提言である（ただし、そもそもWTOは完全な自由貿易を最終ゴールとする機関なので、WTO自体が問題ともいえる）。

2008年の食料危機、輸出規制について、筆者は次のように解説した（**図４－１**）。米国は、自国の農業保護（輸出補助金）は温存しつつ、「安く売ってあげるから非効率な農業はやめた方がよい」といって世界の農産物貿易自由化を進めて、安価な輸出で他国の農業を縮小させてきた。それによって、基礎食料の生産国が減り、米国等の少数国に依存する市場構造になったため、需給にショックが生じると価格が上がりやすく、それを見て高値期待から投機マネーが入りやすく、不安心理から輸出規制が起きやすくなり、価格高騰が増幅されやすくなってきたこと、高くて

図４－１　2008年の食料価格高騰の教訓

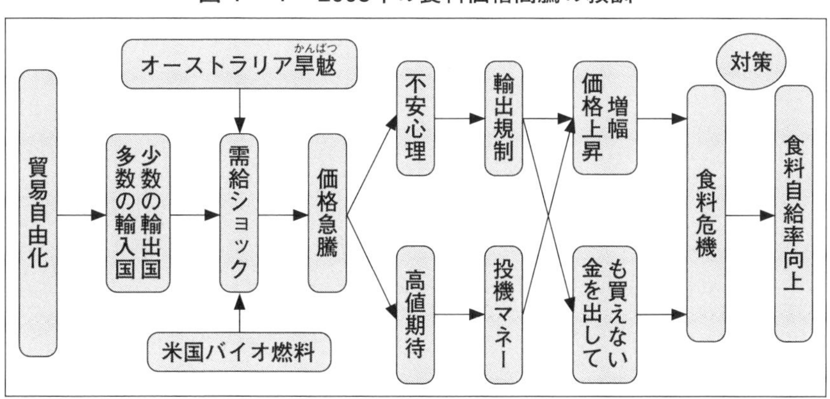

買えないどころか、お金を出しても買えなくなってしまったことが今回の危機を大きくしたという事実である。つまり、米国の食料貿易自由化戦略の結果として危機は発生し、増幅されたのである。

米国などが主導する貿易自由化の進展が、少数の輸出国への依存を強め、価格高騰を増幅し、食料安全保障に不安を生じさせると考えると、「2008年のような国際的な食料価格高騰が起きるのは、農産物の貿易量が小さいからであり、貿易自由化を徹底して、貿易量を増やすことが食料価格の安定化と食料安全保障につながる」という見解には無理がある(鈴木宣弘『食の戦争』文春新書参照)。

メキシコ、ハイチ、エルサルバドル、フィリピンで2008年に何が起こったか。主食がトウモロコシのメキシコでは、NAFTA(北米自由貿易協定)によってトウモロコシ関税を撤廃したので国内生産が激減してしまったが、米国から買えばいいと思っていたところ、2008年の価格暴騰で買えなくなり、暴動も起こる非常事態となった。

ハイチではIMF(国際通貨基金)の融資条件として、1995年に、米国からコメ関税の3%までの引き下げを約束させられ、コメ生産が大幅に減少し、コメ輸入に頼る構造になっていたところに、2008年のコメ輸出規制で、お金を出してもコメが買えなくなり、暴動で死者まで出る事態になった。コメの在庫は世界的には十分あったが、不安心理で各国がコメを売ってくれなくなったからである。こういう事態になった原因は貿易自由化にある。これを教訓にせずに、一層の貿易自由化を求めるのか。その後も、畳みかける貿易自由化を進めてきた日本の将来も危うい。

正しい処方箋は各国の食料自給率向上

コロナ・ショックにおいても、またしても、自由貿易が原因なのに、うまくいかないのは貿易自由化が足りないのだ、というショック・ドクトリン(人々の苦しみにつけ込んで規制緩和を加速して自分たちが儲ける)のような議論になってしまっているのは、まさにショックである。

貿易自由化も含めた徹底した規制緩和を強要して途上国農村の貧困を増幅させて、グローバル企業が儲け、貧困が改善しないのは規制緩和が足りないせいだ、もっと徹底した規制緩和をすべきだ、と主張しているのと同じである。貧困緩和の名目で途上国が食いものにされている。

我々は、このような一部の利益のために農民、市民、国民が食いものにされる経済社会構造から脱却しなくてはならない。食料の自由貿易は見直し、食料自給率低下に本当に歯止めをかけないといけない瀬戸際に来ていることを、もう一度思い知らされているのが今である。

畳みかける貿易自由化と規制緩和

TPP11（米国抜きのTPP＝環太平洋連携協定）、日欧EPA（経済連携協定）、日米貿易協定と畳みかける貿易自由化が、危機に弱い社会経済構造を作り出した元凶であると反省し、特に、米国からの一層の要求を受け入れていく日米交渉の第２弾はストップすべきである。

食料だけではない。医療も、米国は日本に対し米国型の民間保険の導入、営利病院の進出を追求し続けている。米国では、無保険で病院から拒否された人、高額の治療費が払えず病院に行けない人が続出した。こんな仕組みを強要されたら大変であることはコロナ危機で実感された。

国内的には、一部の企業的経営、あるいは、いわゆるオトモダチ企業に農業をやってもらえばいいかのように、既存農家からビジネスを引き剝がすような法律もどんどん成立させてしまった。

「国家私物化特区」でH県Y市の農地を買収したのも、森林の２法で私有林・国有林を盗伐して（植林義務なし）バイオマス発電するのも、漁業法改悪で人の財産権を没収して洋上風力発電に参入するのも、S県H市の水道事業を「食い逃げ」する外国企業グループに入っているのも、MTNコンビ（M氏が元会長で社外取締役が人材派遣業大手の会長T氏とLファーム展開のN氏）企業である。有能なＭＴＮコンビは農・林・水（水道も含む）すべてを「制覇」しつつある。

一連の「種子法廃止→農業競争力強化支援法８条４項→種苗法改定」を活用して、「公共の種をやめてもらい→それをもらい→その権利を強化してもらう」という流れで、種を独占し、それを買わないと生産・消費ができないようにしようとするグローバル種子企業が南米などで展開してきたのと同じ思惑が、「企業→米国政権→日本政権への指令」の形で「上の声」となっている可能性も指摘されている。

すでに、メガ・ギガファームが生産拡大しても、廃業する農家の生産をカバーしきれず、総生産が減少する局面に突入している。今後、「今だけ、金だけ、自分だけ」のオトモダチ企業が儲かっても、多くの家族農業経営がこれ以上潰れたら、地域コミュニティを維持すること、国民に安全・安心な食料を、量的にも質的にも安定的に確保することは到底できない。筆者は、2011年の東日本大震災のときに、被災農家の苦しみにつけこんで、規制緩和して、既存農家をつぶしてガラガラポンして農地を大規模化して企業に儲けさせる仕組みを作ろうとするショック・ドクトリン（惨事便乗型資本主義）的主張が出てきたのに対して、次のように指摘した。

「大規模化して、企業がやれば、強い農業になる」という議論には、そこに人々が住んでいて、暮らしがあり、生業があり、コミュニティがあるという視点が欠落している。そもそも、個別経営も集落営農型のシステムも、自己の目先の利益だけを考えているものは成功していない。成功している方は、地域全体の将来とそこに暮らすみんなの発展を考えて経営している。だからこそ、信頼が生まれて農地が集まり、地域の人々が役割分担して、水管理や畦の草刈りなども可能になる。そうして、経営も地域全体も共に元気に維持される。20～30ha規模の経営というのは、そういう地域での支え合いで成り立つのであり、ガラガラポンして１社の企業経営がやればよいという考え方とは決定的に違う。それではうまく行かないし、地域コミュニティは成立しない。

火事場泥棒的なショック・ドクトリンがコロナ・ショック下で国内でも再来し、規制改革路線が加速されかねないことも忘れてはならない。

自給率向上のための課題と国産シフトの食の安全保障へ

労働力も考慮した自給率議論の必要性

今回のコロナ・ショックは、自給率向上のための具体的課題の議論にも波紋を投げかけた。日本農業が海外の研修生に支えられている現実、その方々の来日がストップすることが野菜などを中心に農業生産を大きく減少させる危険が今回炙り出された。メキシコ（米国西海岸）、カリブ諸国（米国東海岸）、アフリカ諸国（EU）、東欧（EU）などからの労働力に大きく依存する欧米ではもっと深刻である。

折しも、新しい基本計画で出された食料国産率（鶏卵の国産率は96％だが飼料自給率を考慮すると自給率は12％）の議論とも絡み、生産要素をどこまで考慮した自給率を考えるかがクローズアップされたところである。例えば、種子の９割が外国の圃場で生産されていることを考慮すると、自給率80％と思っていた野菜も、種まで遡ると自給率は８％（0.8×0.1）となってしまう。同様に、農業労働力の海外依存度を考慮した自給率も考える必要が出てくる（九州大学磯田教授）。

海外研修生の件は、その身分や待遇のあり方を含め、多くの課題を投げかけている。一時的な「出稼ぎ」的な受け入れでなく、教育・医療・その他の社会福祉を含む待遇を充実させ、家族とともに長期に日本に滞在してもらえるような受け入れ体制の検討も必要であろう。また、フランス、ドイツなどEU諸国では、政府がマッチングサイト（仲介サイト）

を運営して、国民への「援農」の呼びかけを強化している（北海道大学東山教授)。日本でも、こうした対応が国全体としても、各地域でも必要になっている。

日本の肉用牛農家の保護は極端に低い

和牛商品券の波紋

もう一つ波紋を広げたことがあった。コロナ・ショックによる外食需要などの激減で和牛やまぐろの在庫が積み上がったので、経済対策の一環として「和牛券」や「お魚券」が提案されたが、それが報道されるやいなや、それだけがクローズアップされ、世論を「炎上」させてしまった。

全国民が大変なときに贅沢品に近い特定の分野だけの消費にしか使えない商品券を出すとは利権で結びついた族議員と業界の横暴だという非難だ。苦しむ農水産業界をなんとか救いたい思いが、大きな非難の的にされるという極めて残念なことになってしまった。

長年、日本の農家は農業を生贄にして自動車などの利益を増やそうとする意図的な農業悪玉論に苦しめられ、我々はその誤解を解こうと客観的なデータ発信に尽力してきたが、これでは農水産業は利権で過保護に守られているのだという誤解を増幅してしまう。努力が水の泡だ。

過保護どころか、農林漁家からビジネスを引き剝がす法律が立て続けに成立し、かたや畳みかける貿易自由化とで、いま日本の農林水産業界は苦しめられている。直近では、日米貿易協定が発効するや、2020年1月だけで米国からの牛肉輸入が1.5倍になるなど、輸入牛肉の想定以上の増加で国産が押しやられている。コロナ禍の影響の前に、こうした打撃が積み重なり、そこにコロナ禍が上乗せされたことを忘れてはならない。

消費者を支援する形で生産者も支援するのは有効な手段だ。だが、このタイミングで、特定分野が優遇されている誤解を与えたら、国民理解醸成に完全に逆効果である。米国でも農業予算の64％も食品購入カードの支給で一定所得以下の食費支援に使っている。米国は価格低下時の農家への差額補塡システムも充実している。生産・消費の両面から徹底的に農家を支えている。米国は、今回も、追加的に２兆円規模の生産者・消費者支援策を打ち出した。生産者の損失補塡に1.7兆円、困窮者向けの食料支援に3000億円を拠出する。

日本の牛肉農家の所得の30％程度が補助金なのに対してフランスでは180％前後、赤字（肥料・農薬などの支払いに足りない分）もすべて税金で補塡している。農業全体でも、日本の農家の所得の30％程度が補助金なのに対して、英仏が90％以上、スイスではほぼ100％、日本の水産にいたっては所得に占める補助金は２割に満たない。諸外国に比べたら極めて保護されていない。

「所得のほとんどが税金でまかなわれているのが産業といえるか」と思われるかもしれないが、命を守り、環境を守り、地域を守り、国土・国境を守っている産業を国民全体で支えるのは欧米では当たり前なのである。それが当たり前でないのが日本である。

世界的にも最も自力で競争しているのが日本の農林漁家。牛肉券の思いはわかるが、過保護と誤解され、国民を敵に回したら元も子もない。なんとか、これを農林水産業への正しい国民理解醸成の再構築の機会に反転させなくてはならない。

量だけでない、質の安全保障も

食の安全保障には量と質がある。１章でも触れたが、米国産の輸入牛肉からはエストロゲンが600倍も検出されたこともある。エストロゲンは乳がんを増殖する因子として知られる。米国でもホルモン・フリー牛肉が国内需要の主流となり、オーストラリアは日本にはホルモン牛肉、禁止されているEUにはホルモン・フリー牛肉を輸出している。つまり、米国やオーストラリアから危ないホルモン牛肉が輸入規制の緩い日本に選択的に仕向けられている。

米国では乳牛にも遺伝子組み換えの成長ホルモンを注射する。米国内では消費者運動が起きて、大手乳業などがホルモン・フリー宣言をした。やはり、危ないホルモン乳製品は日本向けになっている。国産シフトを早急に進めないと、自分の命が守れない。さらに、輸入依存を強めて、こんな危機になったら、お金を出しても、その危ない食料さえ、手に入らないかもしれない。

もう一度、確認しよう。成長ホルモン、除草剤、防カビ剤など発がんリスクがある食料が、基準の緩い日本人を標的に入ってきている。国産には、成長ホルモンも、除草剤も、防カビ剤も入っていない。早く国産シフトを進めないと、量的にも、かつ質的にも、食料の安全保障が保てない。つまり、「国産は高くて」という人には、安全保障のコストを考えたら「国産こそ安いんだ」ということを認識してもらいたい。

米国産食肉の安さの秘密が露呈

安いものには必ずワケがある。食肉生産の肥育における成長ホルモン投与も安全性を犠牲にしてコストを下げる効果があるが、米国などの食肉には、もう一つの問題が露呈した。食肉加工場の劣悪な労働環境だ。米国などの食肉加工場での劣悪な労働環境での低賃金・長時間労働の強要が新型肺炎の集団感染につながったことをアジア太平洋資料センター（PARC）の内田聖子さんが詳細に報告している。

米国時間で2020年５月６日のCNNニュースでもアイオア州の食肉加工場で2000人の作業員のうち500人が新型肺炎に感染した（感染率はダイヤモンド・プリンセスの20％より高い）ことが報道され、米国の消費者が肉を求め殺到しているとの報道もある。米国産食肉への依存度の高い日本への供給にも影響が出ることに留意しないといけない。

さらに重要なことは、食肉加工場の集団感染から、低賃金・長時間労働で不当にコストを切り詰めて輸出競争力を高めるソーシャル・ダンピングと、衛生面・安全面も含めた環境に配慮するコストを不当に切り詰めて輸出競争力を高めるエコロジカル・ダンピングともいえる実態が炙

コストパフォーマンスの米国産牛肉。成長ホルモンを投与したり、劣悪な労働環境を強いたりして輸出競争力を高めたことが報告されている

り出されたことだ。米国などの食肉の安さは労働や環境コストを不当に切り詰めることによってもたらされていることも、計らずもコロナ・ショックが露呈させた。

本来、負担すべき労働コストや環境コストを負担せずに安くした商品は正当な商品とは認められないのであり、輸入を拒否すべき対象といえる。安いと言ってそれに飛びついてはいけない。この点からも、国産こそが本当は安いのである。

自分たちの命と食を守ろうという機運

現時点（2020年）で、小麦、大豆、トウモロコシなどの国際相場に大きな上昇はない。コメはかなり上昇している。コメの輸入依存度が大きい途上国には2008年の危機の再来が頭をよぎる。日本は、今もコメは過剰気味なので、かりに小麦などが今後逼迫しても、当面はコメで凌ぎ、いよいよとなれば、農水省の不測の事態対応にもあるように、最も増産しやすいサツマイモを校庭やゴルフ場にも植えるといった措置が選択肢となる。しかし、これでは「戦時中」になってしまう。

日本国内で顕在化している影響は、今のところ「まだら模様」である。業務用野菜の中国からの輸入減少、家庭内食の増加による小売店及び生協経由での野菜需要の増加、特に、生協を通じた購入の増加は、有機野菜などの価格の高い野菜への需要の増加となって表れている。
一方、中国からの海外研修生の減少による作付け減少などの要因で生産は伸びず、価格が上昇している。野菜の生産が追いつかなくなっている。農家の人手が足りないから、消費者も近所の農家に出向いて一緒につくるくらいの産消連携が必要になっている。
コメは、家庭用米需要が増え、業務用米需要が減り、コメ需要総量が変わらないわけではなく、3000万人以上の訪日外国人需要が抜けた事態が長引けば、低米価による農家への打撃が長引く可能性がある。
牛乳、乳製品などは、外食や給食需要の減少で在庫が増え、生乳の廃棄の懸念すら出ており、農水省も先頭に立って、消費を呼びかけている。牛肉は、ここにきて、海外産が敬遠され、国産牛肉が伸びているとの情報もある。
ネットなどのコメントでも、これを機に生産者とともに自分たちの食と暮らしを守っていこうという機運が高まってきていることがうかがえる。それが購買行動にも表れてきているとしたら、明るい兆しである。
「戦後初めてであろうこのような国難のときだからこそ、本当に我が国を支えている第一次産業の重大さや自国で生産したものを食べることができるというありがたさ、そして農家の底力をすごく感じます。私事ですみませんが､父や母が一生懸命汗を流し愛情込めて作ってくれたお米、野菜､肉､卵で育ちました。世界一おいしかったです。亡くなってしまった今になって、もっと食べたかったなと本当に思います。農家の方々、それに携わるすべての方々、コロナウイルスに負けず、体に気をつけて頑張ってください！　よろしくお願いいたします」
「今の我が国は、エネルギーも食料も海外頼みでは、首根っこを押さえられているも同然。我が国のように両方海外に多くを依存している先進国はないのでは。このコロナ問題をいい機会にして、エネルギー、食料、工業部品等の生産のあり方を時間をかけてでも見直す必要がさらに深まったと考える。未知のウイルス、細菌は、ますます人類の脅威となるのは間違いないし、その感染スピードはさらに増して行く。そのときにエネルギー、食糧が海外頼みでは、心もとない」
「農家は日本の宝です。政権は効率や貿易のカードとしてどんどん食料自給率を下げていますが、コロナが長引けば食料の輸入が減って食べ物もなくなるのではと不安です」
「私たちを支えている第一次産業。厳しい今だからこそ基本に立ち返る事を考える良い機会。何不自由なく過ごせているのも農家さんのお陰です。本当にお陰様とありがとう」
「国内の農家を守ってこそ、日本の家庭は守られます。農民の作った食べ物を食べて人間は生きている。農民が人間を生かしている。農民の生活を保障すると人間の命も保証できる。今は農民の生活が保障されていない」
厳しいコロナ禍の中で、このような機運が高まっている今こそ、安全・安心な国産の食を支え、国民の命を守る生産から消費までの強固なネットワークを確立する機会にしなくてはならない。

アジア、世界との共生に向けて

今回のコロナ・ショックは、世界の人種的偏見もクローズアップさせた。アジアの人々が欧米で不当な扱いを受けるケースが増えたことは残念だ。逆に、アジアの人々の間に助け合い、感謝し合う連帯の感情が強まった側面もある。「山川異域、風月同天」（山河は違えど、天空には同じ風が吹いて同じ月を見て、皆つながっている）
この機会を、日本の盲目的・思考停止的な対米従属姿勢を考え直す機会にし、アジアの人々が、そして、世界の人々が、もっとお互いを尊重し合える関係強化の機会にしたいと思う。対米従属を批判するだけでは先が見えない。それに代わるビジョン、世界の社会経済システムについての将来構想が具体的に示されなくてはならない。
筆者が参加した多くのFTAの事前交渉でも、米国に対しては「スネ夫」

の日本がアジア諸国には「ジャイアン」よろしく自動車関税の撤廃を強硬に迫り、産業協力は拒否し、自己利益と収奪しか頭にない日本はアジアをリードする先進国としての自覚がないと批判されるのを情けなく見てきた。

まず、日本、中国、韓国などのアジアのすべての国々が一緒になって、アジアの国々の間でＴＰＰ型の収奪的協定ではなく、お互いに助け合って共に発展できるような互恵的で柔軟な経済連携ルールをつくる。農業の面でいえば、アジアの国々には小規模で分散した水田農業が中心であるという共通性がある。そういう共通性の下で、多様な農業がちゃんと生き残って、発展できるようなルールというものを私たちが具体的に提案しなくてはいけない。それが、完全自由化を目指すWTOのゴールそのものを変えていく力になる。

そして、食料安全保障のためは、自国での食料自給率を高めることは大事だが、これだけグローバル化して海外依存度の高まった食品流通において、例えば、中国からの業務用野菜をはじめとする様々な食品への日本人の食の依存度は極めて高い現状において、それなしで日本の食を維持することは不可能である。

そこで、特に、アジア諸国との経済連携強化においては、アジア全体での食料安全保障のためのシステムづくりも具体化し、輸入品についても、普段からのアジアや世界の相手先との信頼関係を強化し、安全・安心のトレーサビリティ（生産履歴管理システム）を強化し、リスク分散対策も強化するといった取り組みの重要性を再確認したい。

種子法廃止・種苗法改定による生産への影響と懸念

種の自給は食料生産の根幹

前に、新しい基本計画で出された食料国産率の議論において、生産要素をどこまで考慮した自給率を考えるかがクローズアップされる中、野菜の種子の９割が外国の圃場で生産されていることを考慮すると、自給率80％と思っていた野菜も種まで遡ると自給率８％（0.8×0.1）という衝撃的現実があることを述べた。

現に、コロナ・ショックで人の移動が制限されたことによって日本の種苗会社が海外圃場で委託生産している現場へ人員が派遣できなくなり、種の品質管理と供給に不安が生じている（https://news.yahoo.co.jp/articles/3c5d16049543c99dac76a1c1c7411eb000f76a3f）。

コロナ・ショックで食料自給への意識が高まっているが、食料生産の基は種であり、種の自給は食料自給の根幹をなすといえる。コロナ・ショック後、生協の宅配の注文で、種苗の注文が激増しており、すぐに対応できなくなる事態も発生しているという。在宅勤務増加で家庭菜園を、という要因と、自前で種を確保して家庭菜園で食料生産をしようとする自衛行動の表れともいえるのではないだろうか。

このように関心の高まっている種をめぐって、近年、様々な法律撤廃・制定・改訂が行われた。種苗法については、柴咲コウさんのネット発言などもあり、懸念する世論が従来以上に大きくなったこともあって、国会審議が一度見送られ、継続審議となっだが、その次の国会で可決・成立した。

今までの種子法の流れにも簡単に触れつつ、種苗法をめぐる議論を中心に論点を解説したい。

種子法廃止についてのQ&Aでの簡単なおさらい

そもそも種子法とは？

米麦・大豆の種について、国が予算措置をして、都道府県が優良な品種を開発し､安く安定的に農家に供給することを義務付けた法律である。

なぜ、つくられたのか？

米麦のような基礎食料は人の命の源で、さらにその源が種なので、国や県が責任をもって農家に良い種を安く提供し、国民への主要食料の安定供給を図るのが不可欠という考えから制定された。

廃止になった理由は？

「民間企業の参入を促進して生産資材の価格を下げるため」というのが表向きの理由。ただし、安く供給するために、国と県が携わってきたのをやめたら、種の価格は上がってしまう帰結も懸念される。

種子法廃止に先だった農水省の通知

種子法廃止の施行に備えて、「稲、麦類及び大豆の種子について」（平成29年11月15日付け29政統第1238号農林水産事務次官依命通知）が出された。通知には次のように書かれている。

「3 種子法廃止後の都道府県の役割

（1）都道府県に一律の制度を義務付けていた種子法及び関連通知は廃止するものの、都道府県が、これまで実施してきた稲、麦類及び大豆の種子に関する業務のすべてを、直ちに取りやめることを求めているわけではない。

農業競争力強化支援法第８条第４号においては、国の講ずべき施策として、都道府県が有する種苗の生産に関する知見の民間事業者への提供を促進することとされており、都道府県は、官民の総力を挙げた種子の供給体制の構築のため、民間事業者による稲、麦類及び大豆の種子生産への参入が進むまでの間、種子の増殖に必要な栽培技術等の種子の生産に係る知見を維持し、それを民間事業者に対して提供する役割を担うという前提も踏まえつつ、都道府県内における稲、麦類及び大豆の種子の生産や供給の状況を的確に把握し、それぞれの都道府県の実態を踏まえて必要な措置を講じていくことが必要である」

（４は略）

「５ 民間事業者への種苗の生産に関する知見の提供
（１）農業競争力強化支援法第８条第４号に基づき、今後、国の独立行政法人だけでなく、都道府県（試験研究機関）から、種苗の生産に関する知見を民間事業者に提供する事案が増加すると考えられる」

下線は筆者が引いたが、そこだけつなげれば、「都道府県が、これまで実施してきた稲、麦類及び大豆の種子に関する業務のすべてを、直ちに取りやめることを求めているわけではなく、民間事業者による稲、麦類及び大豆の種子生産への参入が進むまでの間、種子の増殖に必要な栽培技術等の種子の生産に係る知見を維持し、それを民間事業者に対して提供する役割を担う」となる。

これは、「優良な種の安価な供給には、従来通りの都道府県による体制が維持できるように措置すべきだ」という付帯決議に真っ向から反して、早く民間事業者が取って代われるように、移行期間においてのみ都道府県の事業を続け、その知見も民間に提供して、スムーズな民間企業への移行をサポートしろ、と指示している。

もう一度確認すると、種子法の廃止法の附帯決議には、次のような内容が記されている。

- 種苗法に基づき、主要農作物の種子の生産等について適切な基準を定め、運用すること。
- 主要農作物種子法の廃止に伴って都道府県の取組が後退することのないよう、引き続き地方交付税措置を確保し、都道府県の財政部局も含めた周知を徹底するよう努めること。
- 主要農作物種子が、引き続き国外に流出することなく適正な価格で国内で生産されるよう努めること。
- 特定の事業者による種子の独占によって弊害が生じることのないよう努めること。

「附帯決議は気休めにもならない」と以前から筆者は指摘してきたが、附帯決議のどの項目にも、それに配慮してどう対応するかはまったく記されていない。それどころか、附帯決議の主旨を真っ向から否定して、民間への円滑かつ迅速な譲渡・移行を促すだけの通知が出されるとは驚きである。

重大なことは、農水省の担当部局と主要県の担当部署が相談して都道府県の従来通りの事業が引き続きできるとの案を工夫して作って合意したのだが、「上」からの一声で、「県が継続して事業を続けるのは企業に引き継ぐまでの期間」と入れられてしまい、出てきた最終版を見て、県が唖然としたという事実だ。

「農業競争力強化支援法」の８条４号

種子法廃止法とセットになっており、上記の通知でも言及されている農業競争力強化支援法第８条第４号とは次の規定である。

「(農業資材事業に係る事業環境の整備)

第８条　国は、良質かつ低廉な農業資材の供給を実現する上で必要な事業環境の整備のため、次に掲げる措置を講ずるものとする。

(一～三　略)

四　種子その他の種苗について、民間事業者が行う技術開発及び新品種の育成その他の種苗の生産及び供給を促進するとともに、独立行政法人の試験研究機関及び都道府県が有する種苗の生産に関する知見の民間事業者への提供を促進すること」

これは、公的な育種の成果を民間に譲渡することを義務付けたものと解釈できる。都道府県が開発・保全してきた育種素材をもとにして民間企業が新品種などを開発、それで特許を取得するといった事態が許されるのであれば、材料は「払い下げ」で入手し、開発した商品は「特許で保護」という二重取りを認めることになる（京都大学久野秀二教授）との指摘もある。

種苗法改定をめぐる主な論点

そもそも、種子法の廃止、農業競争力強化支援法、漁業法、森林の２法、水道の民営化、などの一連の政策変更の一貫した理念は、間違いなく、「公的政策による制御や既存の農林漁家の営みから企業が自由に利益を追求できる環境に変えること」である。「公から民へ」「既存事業者から企業へ」が共通理念であることを押さえてほしい。そして、次に種苗法改定となっているのだから、一連の制度改定から種苗法改定だけが独立しているとは考えにくい。

海外流出の歯止めを目的としているが

種苗法は、植物の新品種を開発した人が、それを利用する権利を独占できると定める法律。ただし、農家は自家採種してよいと認めてきた(21条２項)。今回の改定案は、その条項を削除して、農家であっても登録品種を無断で自家採種してはいけないことにした。また、新品種の登録にあたって、その利用に国内限定や栽培地限定の条件をつけられるようにした。これらによって日本の種苗の海外への無断持ち出しを抑制することが目的とされている。

これには、ブドウの新品種シャインマスカットのように海外に持ち出され、多額の国費を投入して開発した品種が海外で勝手に使われ、それによって日本の農家の海外の販売市場が狭められ、場合によっては逆輸入で国内市場も奪われかねない、という背景がある。

しかし、海外流出を阻止するのにいちばんやるべき決め手は日本が海外で早く品種登録することで、シャインマスカットはそれを怠ったのが原因で、自家菜種が原因ではない。種苗法で自家採種を制限してもポケットに入れて持っていかれたらおしまいで、現地での品種登録で対抗するしかない。つまり、海外流出防止は、自家採種を制限する本当の理由ではない。むしろ自家採種に制限をかけることが、種子法廃止から始まった「公」から「民」への流れでグローバル種子企業に譲渡されたコメなどの種を買わざるを得ない状況につながり、結果的に「日本の種を海外に取られてしまう」ことになる。登録品種のうち外国法人による登録は年々増え、2017年にはすでに4割弱（36%）になっている（印鑰智哉氏）という流れを加速する副作用の方が大きい可能性が懸念されている。

育種家の利益増大＝農家の負担増とならないか

つまり、種苗法改定の本当の目的は、知的財産権の強化によろう企業利益の増大である。すでに廃止された種子法と新たに制定された農業競

高値を示す野菜の種（ナタネ）

表4－1　日本の種子価格の推移（1951～2018年）

品目	倍率
野菜	17.2倍
コメ	4.0倍
小麦	2.1倍
豆	5.4倍
イモ	5.7倍

注：資料・農水省https://www.maff.go.jp/j/tokei/kouhyou/noubukka/

争力強化支援法によって公共育種事業の民間への移行を進めたうえで、今回の種苗法改定で、育種家の権限を強め、民間育種事業の拡大を支援することとされている。育種家の利益を増やさないと育種が進まないというが、裏返せば、それは種苗を使用する農家の負担は必然的に増えることを意味し、農家の負担は増えないという説明には無理がある。

実際に、日本の種子価格の推移を見てみると、民間の種が圧倒的に増えた野菜では、1951年から2018年の間に、種の価格は17.2倍になったのに対して、種子法で公共の種が供給されてきたコメ・麦・豆については、２～５倍に抑制されている（**表４－１**）。種子法廃止の目的が民間参入による種子価格の低下とされたのも、やはり論理破綻である。

歴史的事実を踏まえて大きな流れ･背景を読む

何事も歴史的事実・経験も踏まえて、背景にある大きな流れを読むことが必要である。農水省の担当部局を批判するのは的を射ていない。農水省が掲げる「日本の種苗の無断海外流出に歯止めをかける」必要性は確かにある。農水省が日本の農家・農業を守るために一生懸命考えていることは間違いなく、その尽力には敬意を表したい。

問題は、農水省の担当部局とは別の次元で、一連の「種子法廃止→農業競争力強化支援法８条４号→種苗法改定」を活用して、「公共の種をやめてもらい→それをもらい→その権利を強化してもらう」という流れで、「種を制する者は世界を制する」との言葉の通り、種を独占し、それを買わないと生産・消費ができないようにして儲けるのを行動原理とするグローバル種子企業が南米などで展開してきたのと同じ思惑が､「企業→米国政権→日本政権」への指令の形で「上の声」となっている懸念である。コロンビアでは種苗法が改定され、登録品種の自家増殖が禁止され、そして、農産物の認証法が改定され、認証のない種子による農作物の流通が実質的にできなくなるという２段構えで在来種が排除されたが、農家は立ち上がり、独自の参加型認証システムで対抗した（吉田太郎氏、印鑰智哉氏)。

世界中で抵抗にさらされているグローバル種子企業にとって、日本のみ、逆に彼らに有利になるような制度改革が、

①種子法廃止（公共の種はやめてもらう）
②種の譲渡（これまで開発した種は企業がもらう）
③種の無断自家採種の禁止（企業の種を買わないと生産できないように）
④遺伝子組み換えでない（non-GM）表示の実質禁止（2023年４月１日から）
⑤全農の株式会社化（non-GM穀物の分別輸入は目障りだから買収）
⑥GMとセットの除草剤の輸入穀物残留基準値の大幅緩和（日本人の命の基準は米国の使用量で決める）
⑦ゲノム編集の完全な野放し（勝手にやって表示も必要なし、2019年10月１日から）

という一連の措置で立て続けに行われているようにも映る。

なぜ、ここまで、米国の特定企業への便宜供与が疑われる措置が次々と続くのか。それはTPP（環太平洋連携協定）合意と関連している。TPPにおいて日米間で交わされたサイドレター（交換公文）について、TPPが破棄された場合、サイドレターに書かれている内容には拘束されないのかという国会での質問に対して、2016年12月９日に当時の岸田外務大臣は「サイドレターに書いてある内容は日本が『自主的に』決めたことの確認であって、だから『自主的に』実施して行く」と答えた。

日本政府が「自主的に」と言ったときには、「アメリカの言う通りに」と意味を置き換える必要がある。つまり、今後もTPPがあろうがなかろうが、こうしたアメリカの要求に応え続けることを約束していることになる。サイドレターには、規制改革について「外国投資家その他利害関係者から意見及び提言を求める」とし、「日本国政府は規制改革会議の提言に従って必要な措置をとる」とまで書かれている。その後の規制改革推進会議による提言は、種子関連の政策を含め、このサイドレターの

合意を反映していると考えられるのである。

都道府県や国の機関による登録品種が多く許諾が得られるか

登録品種の自家採種も登録者が許諾すれば続けられ、農研機構（国立研究開発法人農業・食品産業技術総合研究機構）など公的機関の種が多いのだから、今まで通り無償で許諾されるであろうとの説明もある。

しかし、種子法の廃止、農業競争力強化支援法（８条４号）及び関連の通知は、種の開発・権利者が国・県でなく企業に移行していくことを強く促しているのだから、早晩、想定通り、主要穀物の種子開発が国・県からグローバル種子企業などに取って代われば、高い種を買わざるを得なくなり、事態は一変してしまう可能性がある（農研機構はすでに企業からの人材受け入れによる「民営化」が進んでいる)。

対象の登録品種は少数(１割程度)だから影響は小さいか

無断自家採種の禁止の対象となるのは登録品種（コメ16%、野菜９%、ミカン２%など）のみで、一般品種（①在来種、②品種登録されたことがない品種、③品種登録期間が切れた品種）が種の大宗を占めており、その自家採種は続けられると説明されている。しかし、栽培実績のある品種に限ると、コメの場合、産地品種銘柄における登録品種の割合は全国平均で64%（栽培面積でも33%）と高く、地域別に見ると、青森県99%、北海道88%、宮城県15%など、地域差も大きいとのデータもある(印鑰智哉氏)。

また、登録品種が原則購入になることは、現在登録されていない種を、企業が登録品種にして儲ける誘因が働くことを意味する。代々自家採種してきた在来種で品種登録されていなかったら種は自分のものではないし、誰のものでもないことになっている。在来種には「新規性」がないのでそのまま登録されることはない。しかし、在来種を基にして＋αの形質（曲がらない真っすぐなキュウリのように）をもつ新品種が企業によって育成されれば登録できる。それが流通・消費に便利として元の在来種に置き換わっていけば、在来種が駆逐され、種を買わざるを得ない状況が広がっていく。

さらに、農家が良い種を選抜して自家採種を続けていた在来種が変異して、すでに登録されている品種の特性と類似してきていた場合に、「特性表」だけに基づいて、登録品種と同等とみなされて権利侵害で訴えられる可能性も指摘されている。こうして在来種がさらに駆逐され、Ｆ１（一代雑種＝自家採種しても同じ形質が出ないので買い続けないといけない）の種や登録品種の種に置き換わっていくと、青果物だけでなく、コメ・麦・大豆についても、種の値上がりによる生産コストの上昇、品種の多様性の喪失による災害時の被害増大などが懸念される。

種苗の共有資源たる性質の考慮

各地域の伝統的な種は地域農家と地域全体にとって地域の食文化とも結びついた一種の共有資源であり、個々の所有権は馴染まない。何千年もの間、皆で育て改良し、種を交換して、引き継いできたものである。それには、莫大なコストもかかっているといえる。そうやって皆で引き継いできた種を企業が勝手に素材にして品種改良して登録して独占的に儲けるのは、「ただ乗り」して利益だけ得る行為である。

地域の種の育成者権は農民全体にあるともいえる。だから、農家が種苗を自家増殖したり交換したりするのは、種苗の共有資源、共有財産的側面を考慮すると、自然な行為であり、守られるべき権利という側面がある。諸外国においても、米国では特許法で特許が取られている品種を除き、種苗法では自家増殖は禁止されていない。EUでは飼料作物、穀類、バレイショ、油糧及び繊維作物は自家増殖禁止の例外に指定されている。小規模農家は許諾料が免除される。オーストラリアは原則自家増殖可能で、育成者が契約で自家増殖を制限できる（印鑰智哉氏、久保田裕子氏）。

もちろん、育種の努力が阻害されないように、よい育種が進めば、それを公共的に支援して、育種家の利益も確保し、使う農家にも適正な価格で普及できるよう、育種の努力と使う農家の双方を「公共」が支えるべきではなかろうか。

つまり、共有財産たる地域の種を、育種のインセンティブを削ぐことなく、育種家、種採り農家、栽培農家を公共的に支援し、一部企業のみの儲けの道具にされないように歯止めをかけながら、地域全体の持続的発展につなげるための仕組み（川田龍平議員提案の在来種 <ローカルフード> 保全法など）の検討が必要ではないだろうか。

先述の通り、今回の種苗法改定の目的の一つは、種子法の廃止と農業競争力強化支援法８条４号によって公共育種事業の民間への移行を進めたうえで、種苗法改定で、育種家の権限を強め、民間育種事業を振興することとされている。育種家の利益を増やさないと育種が進まないといい、でも、農家の負担は増えないと説明されている。通常は、「育種家の利益増大＝農家負担の増大」となるので、農家負担を増やさずに育種家の利益を増やすのは困難と思われる。つまり、種苗法の改定は「農家負担の増大」につながる。それを解決するのが、まさに、上記のような公共的枠組みだといえよう。

以上、種苗法改定をめぐっては様々な論点があり、かなり錯綜した議論が行われている。女優の柴咲コウさんも指摘したように、今は農家も育種家も消費者も、国民全体で客観的な情報を共有して、丁寧な議論を尽くすことが肝要である。国会においても、「附帯決議」で対処するという手法は与野党がよくやることだが、これはなんの解決にも、懸念に答えたことにもならない。

参議院のホームページにも「附帯決議には法的効力はない」と明記されている。頑張ったというアリバイづくりに時間をかけるのは意味がない。懸念される点については、それを解決するための手段をしっかりと議論して、法案にビルトインする（組み込む）、あるいは、セットの法律として成立させることが望まれる。

畜産のベースとなる飼料も含めた基礎食料の確保が不可欠

食料自給率と「食料国産率」をめぐって

コロナ・ショックで食料自給がクローズアップされる中、新たな食料・農業・農村基本計画では、目標水準を53％とする飼料自給率を反映しない新たな食料自給率目標が設定された。名称は「食料国産率」とすることに落ち着いた。これをめぐって「自給率45％の達成が難しいから、飼料の部分を抜いて数字上、自給率を上げるのが狙いではないか」という声もある。

従来用いられている通常の食料自給率は、簡潔に示せば、畜産については、

食料自給率＝食料国産率×飼料自給率

である。この二つを併記することは、飼料の海外依存の影響がどれだけ大きいかを認識させることになる（**表４－２**）。具体的に農水省の示している平成30年（2018年）度の数字で見ると、「食料国産率→食料自給率」で示した場合、全体46％→37％、畜産物62％→15％、牛乳・乳製品59％→25％、牛肉43％→11％、豚肉48％→６％、鶏卵96％→12％、となる。いちばん差の大きい鶏卵で見るとわかりやすいが、日本の卵は96％の国産率を誇り、よく頑張っているな、といえるが、飼料の海外依存を考慮すると、海外からの輸入飼料がストップしたらたいへんなことになるな、もっと飼料を国内で供給できる体制を真剣に整備しないとい

表４－２　食料国産率と食料自給率の比較（2018年）と将来推定値

	食料国産率		飼料自給率	食料自給率	
	（A）	2035年推定値	（B）	（A×B）	2035年推定値
野菜	80	43	10	8	4
牛肉	43	16	26	11	4
豚肉	48	11	13	6	1
鶏卵	96	19	13	12	2

飼料の海外依存度を考慮すると、牛肉（豚肉）の自給率は現状でも11％（６％）、このままだと、2035年には４％（１％）、種の海外依存度を考慮すると、野菜の自給率は現状でも８％、2035年には４％と、信じがたい低水準に陥る可能性さえある。国産率96％の鶏も飼料と雛は海外依存度を考慮したら自給率はほぼ０％になる

注：①出所・農林水産省公表データ。推定値は東京大学鈴木宣弘研究室による
　　②野菜は種の自給率

けないな、ということが実感できる。さらには、鶏の雛の海外依存度がほぼ100％というから、それも考慮すると卵の自給率はすでに０％となってしまっている。

つまり、今後の活用方法としては、特に、酪農・畜産の個別品目について、両者を併記することで、酪農・畜産農家の生産努力を評価する側面と、掛け声は何十年も続いているが、遅々として進まない飼料自給率の向上について、もっと抜本的なテコ入れをしていく流れをつくる必要性を確認する側面との両方を提示する指標にすることではないだろうか。

カロリーベースと生産額ベースの自給率議論

コロナ・ショックは、カロリーベースと生産額ベースの自給率の重要性の議論にも、「決着」をつけたように筆者には思われる。一部には、「カロリーベースの自給率を重視するのは間違いだ」（元農水省事務次官）と指摘する声もあるが、生産額ベースとカロリーベースも、それぞれのメッセージがある。

生産額ベースの自給率が比較的高いことは、日本農業が価格（付加価値）の高い品目の生産に努力している経営努力の指標として意味がある。しかし、「輸入がストップするような不測の事態に国民に必要なカロリーをどれだけ国産で確保できるか」が自給率を考える最重要な視点と考えると、重視されるべきはカロリーベースの自給率である。だから、我が国のカロリーベース自給率に代わる指標として、畜産の飼料も含めた穀物自給率が諸外国では重要な指標になっている。海外では面倒なカロリーベースを計算するよりも簡便な穀物自給率を不測の事態に必要なカロリーが確保できる程度を示す指標として活用している。

日本では、２章などでも触れたように輸出型の高収益作物に特化したオランダ方式が日本のモデルだともてはやす人たちがいるが、本当にそうだろうか。一つの視点は、オランダ方式はEUの中でも特殊だという事実である。「EUの中で不足分を調達できるから、このような形態が可能だ」との指摘もある。それなら、他にも、もっと穀物自給率の低い国があってもおかしくないが、実は、EU各国は、EUがあっても不安なので、１国での食料自給に力を入れている。むしろ、オランダが「いびつ」なのである。

つまり、園芸作物などに特化して儲ければよいというオランダ型農業の最大の欠点は、園芸作物だけでは、不測の事態に国民にカロリーを供給できない点である。日本でも、高収益作物に特化した農業を目指すべきとして、サクランボを事例に持ち出す人がいる。サクランボも大事だが、我々は「サクランボだけを食べて生きていけない」のであり、畜産のベースとなる飼料も含めた基礎食料の確保が不可欠なのである。

今回のコロナ・ショックでも、穀物の大輸出国が簡単に輸出制限に出たことは、いくつもの指標を示すことにも意味はあるが、最終的には、カロリーベースないし穀物自給率が危機に備えた最重要指標であることを再認識させたと思われる。

5章

生存の基盤を守る
農林漁業の下支えへ

■

貿易自由化による部門ごとの影響の分析と試算結果

食品産業の持続性は「農業なくして流通なし」から

食品産業は、最も川上の農産物の生産農家から、JAなどの農業協同組合・出荷組合、卸売業者、仲介業者、加工業者、小売業者、そして、最も川下の消費者まで、様々な事業者がかかわって成立している。

食品産業界が全体として持続的に発展するためには、当然ながら、かかわる事業者の、それぞれが適正な利益を得て持続的に発展できることが不可欠である。つまり、各ステージでの利益の分配が適正である必要がある。まさに、基本は、「売り手よし、買い手よし、世間よし」の「3方よし」である。

これが、「いかに安く買いたたいて、それをいかに高く売るか」という「今だけ、金だけ、自分だけ」の「3だけ主義」に陥ると、目先の自己利益だけにとらわれ、一部の事業者が利益を増やす一方で、苦しむ事業者が発生して、長期的には誰も持続できなくなる。

特に、小売業者の取引交渉力が大きく、「買いたたきビジネス」が展開され、消費者も安けりゃいいとしか考えないと、川上が苦しみ、最も川上の農家が疲弊すれば、一時的には利益が増えたとしても、最終的には、農水産物を生産してくれる人がいなくなったら、流通業者も加工業者も小売業者もビジネスはできなくなり、消費者も国産の食料が食べられなくなる。まさに、「農業なくして流通なし」である。

青果物への影響の過小評価の可能性

特に、一層の貿易自由化の野菜や果物の生産への影響については、政府はほとんど影響がないとしているが、我々の試算は相当に異なる。

野菜の影響の過小評価

主要野菜14品目の関税撤廃による生産者余剰（売上マイナス費用）の減少総額は625億円、生産額の減少総額は992億円と推定され、野菜類の影響はほぼ皆無とみなしている一連の政府試算は重大な過小評価の可能性があることが指摘できる。主要14品目で約1000億円の生産額減少が見込まれるという試算結果の意味は重大である（124ページの**表５－１**）。

次に、卸売段階から小売段階への価格伝達性が低いことを考慮した消費者余剰の増加総額（価格下落により増える消費者の利益）は897億円と推定されるのに対して、価格伝達性を考慮しないと消費者余剰の増加総額は1448億円となり、価格伝達性の低さ（輸入価格下落の50～70％程度しか小売価格は下がらない）を考慮しないと消費者の利益を551億円も過大推定してしまう可能性が明らかになった。

一層大きな果実への影響

比較的関税の高い果物や果汁の即時関税撤廃の影響は、特に、過去の果汁の自由化が生果の需要も圧迫して自給率が低下してきた経緯を踏まえると、過小評価されている。我々の試算では果樹農業全体で1841億円の生産額の減少が見込まれる（124ページの**表５－２**）。

TPP11、日欧EPA発効後の想定以上の輸入増加

さらに、TPP11が2018年12月、日欧EPAも2019年２月に発効、１年目の関税削減が発動され、さらに直後の2019年４月には、ともに早々２年目の関税が発動され、関税切り替えの１月、２月、４月に牛肉、豚肉、

表5－1　主要野菜14品目の関税撤廃の

作物名	ダイコン	ニンジン	ハクサイ	キャベツ	ホウレンソウ	ネギ	ナス	トマト	キュウリ	ピーマン
供給の価格弾力性	0.083	0.851	0.221	0.061	0.225	0.410	0.558	0.749	2.686	0.638
需要の価格弾力性	−0.132	−0.169	−0.063	−0.112	−0.443	−0.138	−0.691	−0.489	−0.359	−0.355
価格伝達性	0.856	0.537	0.703	0.760	0.795	0.643	0.552	0.620	0.668	0.787
現行卸売り価格 円/kg	77	111	64	88	488	325	324	307	296	389
現行小売価格 円/kg	153	355	187	171	866	603	606	617	558	818
現行生産量 t	1,451,880	632,960	914,920	1,481,690	256,520	483,190	322,509	739,310	548,340	145,416
現行輸入量 t	49,017	73,581	205	35,098	11	113,799	40	7,736	11	34,268
現行消費量 t	1,218,882	636,415	736,217	1,351,098	215,010	502,897	248,640	673,324	465,511	161,468
関税率 %	3	3	3	3	3	3	3	3	3	3
生産者余剰 億円	−32.5	−20.2	−17	−37.9	−36.3	−45.5	−30.2	−65.4	−45.4	−16.3
消費者余剰 億円	46.7	35.4	28.1	51.3	43.3	56.9	24.4	75.3	50.7	30.4
関税収入 億円	1.1	2.4	0.0038	0.9	0.0015	10.8	0.0038	0.69	0.001	3.9
生産額 億円	−35.2	−37.4	−20.7	−40.2	−44.4	−63.9	−46.9	−114.2	−170.5	−26.7
消費者余剰② 億円	54.6	66	40	67.5	54.6	88.5	44.3	121.8	76.1	38.7
余剰の合計 億円										
余剰の合計② 億円										

注：消費者余剰②は価格伝達性を１（輸入価格が１円下がると小売価格も１円下がる）としたとき

表5－2　TPPなどによる果樹農業の

順位		産出額(H25)	構成比	関税率	価格下落率 dP/P	供給の弾力性 (dQ/Q)/(dP/P)	生産減少率 dQ/Q	減少後の生産額率
		億円	%	%	%		%	%
	農産物計	85,748	100.0					
9	ミカン	1,547	1.8					41.10
12	リンゴ	1,375	1.6					73.00
15	ブドウ	1,073	1.3					73.10
23	日本ナシ	771	0.9	4.8	4.58	1.0500	4.81	90.83
34	カキ	420	0.5	6.0	5.66	0.4200	2.38	92.10
37	オウトウ	393	0.5	8.5	7.83	0.8920	6.99	85.73
67	不知火（デコポン）	142	0.2	17.0	14.53	0.8920	12.96	74.39
76	キウイフルーツ	96	0.1	6.4	6.02	0.8920	5.37	88.94
79	クリ	89	0.1	9.6	8.76	0.8920	7.81	84.11
84	西洋ナシ	79	0.1	4.8	4.58	1.0500	4.81	90.83
85	マンゴー	76	0.1	3.0	2.91	0.8920	2.60	94.56
88	スモモ	71	0.1	6.0	5.66	0.8920	5.05	89.58
89	イチジク	68	0.1	6.0	5.66	0.8920	5.05	89.58
90	伊予柑	64	0.1	17.0	14.53	0.9900	14.38	73.18
99	干しガキ	50	0.1	9.0	8.26	0.4200	3.47	88.56
	果実計	6314.0	7.6					

注：①資料・平成25年生産農業所得統計、財務省貿易統計輸入統計品目表（実行関税率表）
②リンゴ関税（生果17%、果汁34%）、オレンジ関税（生果32%、果汁29.8%）、ブドウ関税（生

影響評価

サトイモ	タマネギ	レタス	バレイショ	合計
0.527	0.699	0.215	0.178	
−0.218	−0.270	−0.220	−0.218	
0.780	0.529	0.885	0.489	
287	112	183	108	
724	267	452	309	
165,120	1,168,860	577,230	2,458,620	
34,525	349,902	35,792	908,000	
140,825	1,376,701	582,436	2,673,000	
9	8.5	3	4.3	
−38.3	−99.8	−30.7	−109.1	−624.6
66.1	153.5	68.1	166.7	896.9
8.2	30.7	1.9	40.4	101
−58.1	−168.6	−37.2	−128.1	−992.1
84.9	291.5	77	342.1	1447.6
				171.3
				722

の消費者余剰

生産減少額

減少後の生産額	生産額減少率	生産減少額
億円	%	億円
635.82	58.90	911.18
1003.75	27.00	371.25
784.36	29.90	288.64
700.31	9.17	70.69
386.81	7.90	33.19
336.90	14.27	56.10
105.64	25.61	36.36
85.38	11.06	10.62
74.86	15.89	14.14
71.76	9.17	7.24
71.87	5.44	4.13
63.60	10.42	7.40
60.91	10.42	7.09
46.83	26.82	17.17
44.28	11.44	5.72
4473.08	29.16	1840.92

果17%、果汁29.8%）

チーズ、ブドウなどの輸入が急増した。大幅な輸入増加は、関税削減の開始時点に輸入をずらした一時的な効果もあるので、今後の推移を見極める必要がある。しかし、輸入価格の１％の低下に対する輸入需要増加の％が非常に大きいとすると、これまで想定されていた以上の影響が、しかも早期に襲ってくる可能性を考慮して、対策を検討しないといけないことを示唆している。

2020年４月までの数か月のデータで見ると、特に、ブドウはTPP11で17％の関税が即時撤廃され、12～４月で12％伸びた。特に、最大シェアのチリ産は、すでに日チリEPAで4.3％まで下がっていた関税は、チリのTPP11の批准が遅れているため、撤廃されずに4.3％のままなのに60％も伸びた（126ページの**表５－３**）。撤廃されたらどうなるか、懸念が高まっている。

リンゴは店頭でニュージーランド産が目立ってきている。リンゴの生果の17％の関税は即時撤廃でなく段階的に削減して11年目に撤廃で、現状は11.4％であるが、2019年上半期（１～６月）の輸入量は、すでに前年１年分の99％に達してお

表5－3　ブドウの輸入急増

ブドウ	世界	チリ	オースト ラリア
	前年同月比	前年同月比	前年同月比
2018年12月	101.2	101.9	0.0
2019年1月	112.3	249.0	631.2
2019年2月	100.1	151.0	91.0
2019年3月	116.1	136.7	126.7
2019年4月	119.8	169.5	107.6
累計	111.6	160.2	113.7
シェア	100	31.0	26.6
関税率（%）	17→0	4.3	9.3→1月0

輸入急増のチリ産ブドウ

り、その9割をニュージーランド産が占めている。

「生鮮果実の関税撤廃の影響はまったくない」としてきた政府試算の前提を完全に覆す現実がある。

生産構造の脆弱化に新たな自由化の影響を加える

重要なのは複合的影響である。国内政策や過去の貿易自由化の影響で、すでに農業生産構造の脆弱化が趨勢的に進んでいる。そこに一層の自由化が上乗せされる全体の影響の大きさを見なくてはいけない。

TPPなどの貿易自由化の影響評価は、現時点における生産と需要に対して、どの程度のインパクトがあるかで議論が行われることがほとんどであり、上記の試算もそうである。しかし、TPPレベルの貿易自由化を前提にして今後の農業の持続的発展のための政策を検討する場合、すでに、現行政策の下で、現在進行している農産物の需給構造変化（過去の貿易自由化の影響も含む)、すなわち、担い手の減少による生産構造の趨勢的な脆弱化、人口減少と一人当たり消費の減少による需要の趨勢的減少などが継続した場合をベースラインとして、それにTPPなどの影響が加わることが全体として、将来の生産、消費、自給率をどのように変化させるかを見極めて、総合的・長期的に採るべき政策や食品業界全体としての対応策を議論することが不可欠である。

そこで、具体的には、次のようにして、趨勢的な生産構造の脆弱化による影響と、それに今後の貿易自由化の影響が加わった場合の影響を推計した。

分析方法（データとモデル）

①農業センサスの個票データを再集計し、全国の地域別に主要品目ごとに、規模階層ごとの農家の５年間の規模階層間の移動割合（遷移確率）を求め、これが将来的に継続した場合の規模別農家数に階層別の平均規模をかけることによって将来の生産量の変化（減少）を推定し、全国集計する。

②主要品目ごとの貿易自由化による価格低下と供給の価格弾力性の値から、TPPレベルの貿易自由化が進展した場合に、①の生産量の減少が、さらに加速する、その加速された生産量の減少を推定する。

③家計調査の年齢階層別消費量を価格と所得とトレンド（嗜好の変化）で説明する回帰分析を行い、将来の年齢階層別人口の推定値を用いて、年齢階層別消費の今後を推定し、将来的な総消費量の変化（減少）を推定する。

④主要品目ごとの貿易自由化による価格低下と③で推定した需要の価格弾力性の値から、TPPレベルの貿易自由化が進展した場合に、③の消費量の減少が、やや減速する、その減速した消費量の減少を推定する。

⑤上記で推定された将来の生産のベースライン、TPPを加味した生産変化、需要のベースライン、TPPを加味した需要変化、から、輸入によって需給は均衡すると仮定して、ベースラインの自給率変化、TPPにより加速された自給率変化を提示する。

図5－1　需給の趨勢的変化と自由化の影響のイメージ

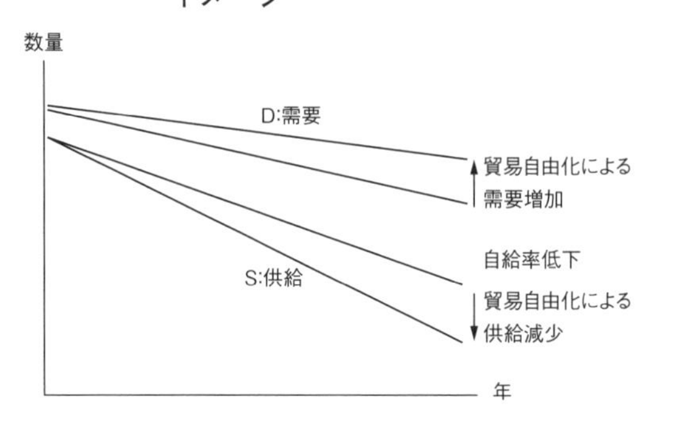

こうして、趨勢的な農産物の需給の推移をベースラインとして、TPP水準の貿易自由化の影響を組み込んで将来推定を行うと、品目によって事情は異なるが、一般的には、担い手の高齢化・減少による生産構造の脆弱化が生産の減少をもたらす一方、消費も少子高齢化と嗜好の減退から減少する（豚肉、鶏肉など、増加が見込まれる品目もある）。これに、自由化による価格下落の影響が加わると、生産減少は一層激しくなり、消費は価格下落により減少が鈍化する、**図5－1**のようなイメージが想定される。

結果

品目ごとに、趨勢的に需給と自給率を検討してみよう（130ページの**表5－4**）。

コメ

数字の読み方は、コメの場合、2015年の需要量を100としたときに、国内供給は98なので、自給率は98％ということである。これをベースラインとして、5年後を順次推定したのが表の数値である。コメの場合は、貿易自由化の影響で趨勢的な生産の減少が加速しても、それ以上に趨勢的な消費の減少が大きいため、大幅な米価下落で需給が調整されるか、飼料米や輸出米の増加で過剰圧力を吸収できないと、趨勢的には、コメ余りが増幅されていく可能性が高いことがわかる。

このままでは、コメの総生産は15年後の2030年には670万トン程度になり、稲作付農家数も5万戸を切り、地域コミュニティが存続できなく

米国カルフォルニア州やメキシコなどからグリーンアスパラガスなどの輸入野菜が続々と荷揚げされる

なる地域が続出する可能性がある。一方、コメの消費量は一人当たり消費の減少と人口減で、2030年には600万トン程度になる。なんと、生産減少で地域社会の維持が心配されるにもかかわらず、それでもコメは70万トンも「余る」のである。

野菜

野菜は、消費の減少以上に生産の減少が大きいため、自給率が低下する。自由化の影響は相対的に小さいが、現状の趨勢的な生産構造の脆弱化が継続すると、80％の自給率が2035年には43％まで落ち込む可能性がある。

果物

果物も、消費の減少以上に生産の減少が大きいため、自給率が低下する。自由化の影響はコメや野菜より大きい。自給率は、すでに40％であるが、2035年には28％まで低下する可能性がある。

生乳

飲用乳消費は減少するがチーズ消費の増加で需要は一度減少後に反転する。趨勢的な生産の減少が大きいため、それに貿易自由化の影響が加わって、自給率は大きく低下すると見込まれる。2030年の生産量は400万トン弱で、「総飲用化」になる。62％の自給率が2035年には28％まで落ち込む可能性がある。

表5－4　品目ごとの需給と自給率の趨勢

コメ

	需要		供給		自給率	
	趨勢	TPP考慮	趨勢	TPP考慮	趨勢	TPP考慮
2015	100	100	98	98	98	98
2020	93	93	92	90	98	96
2025	82	82	87	85	106	103
2030	71	71	82	81	116	113
2035	62	62	79	76	127	123

野菜

需要		供給		自給率	
趨勢	TPP考慮	趨勢	TPP考慮	趨勢	TPP考慮
100	100	80	80	80	80
98	100	68	67	69	67
98	99	58	57	59	58
96	98	49	48	51	49
95	97	42	41	44	43

果物

	需要		供給		自給率	
	趨勢	TPP考慮	趨勢	TPP考慮	趨勢	TPP考慮
2015	100	100	40	40	40	40
2020	93	93	35	33	38	36
2025	87	88	31	27	36	31
2030	81	82	28	24	34	29
2035	75	76	25	21	33	28

生乳

需要		供給		自給率	
趨勢	TPP考慮	趨勢	TPP考慮	趨勢	TPP考慮
100	100	62	62	62	62
95	95	51	49	53	51
93	94	41	40	44	42
93	94	34	33	36	35
94	95	28	27	30	28

牛肉

	需要		供給		自給率	
	趨勢	TPP考慮	趨勢	TPP考慮	趨勢	TPP考慮
2015	100	100	40	40	40	40
2020	98	101	32	30	33	29
2025	93	98	26	23	28	23
2030	89	95	22	18	24	19
2035	86	92	18	15	21	16

豚肉

需要		供給		自給率	
趨勢	TPP考慮	趨勢	TPP考慮	趨勢	TPP考慮
100	100	51	51	51	51
106	108	39	33	37	30
114	116	31	25	27	22
122	124	24	18	20	15
131	132	20	15	15	11

鶏肉

	需要		供給		自給率	
	趨勢	TPP考慮	趨勢	TPP考慮	趨勢	TPP考慮
2015	100	100	66	66	66	66
2020	112	112	56	54	50	48
2025	126	128	49	42	39	33
2030	141	145	43	34	30	24
2035	158	162	38	31	24	19

牛肉

牛肉は、趨勢的な消費の減少は貿易自由化による価格下落によって一定程度緩和される一方、趨勢的な生産の減少が大きいのに、貿易自由化による生産減少も相当に大きいため、生産減少が加速され、自給率は大きく低下すると見込まれる。40％の自給率が2035年には16％まで落ち込む可能性がある。

豚肉

豚肉は、牛肉と違い、趨勢的に消費は増加傾向にある。一方、趨勢的な生産の減少が大きいのに、貿易自由化による生産減少が牛肉以上に大きいため、生産減少が加速され、自給率は大きく低下すると見込まれる。51％の自給率が2035年には11％まで落ち込む可能性がある。

鶏肉

鶏肉も、趨勢的に消費は増加傾向にある。一方、趨勢的な生産の減少が大きいのに、貿易自由化による生産減少も大きいため、生産減少が加速され、自給率は大きく低下すると見込まれる。66％の自給率が2035年には19％まで落ち込む可能性がある。

以上から、

①総じて規模拡大は進むが、離脱・縮小による生産減少分をカバーしきれず、総生産が減少する局面に入っている。

②TPP水準の追加的貿易自由化の影響は相対的には小さく、それ以前の問題として、むしろ現状の需給構造（過去の貿易自由化の影響も含む）に基づく趨勢的変化がもたらす自給率低下が大きな問題を投げかける可能性がある。

③過去に５年ごと遡ったセンサスの構造動態の比較から、生産構造の脆弱化は近年になるほど趨勢的に加速しているので、今後も加速する可能性がある。

④コメ過剰対策として飼料米の増産を行っても畜産の生産が大きく減少するため、飼料米需要が減り、政策が機能しなくなってくる可能性がある。

⑤飼料米政策に限らず、現行政策の延長線上では、食料自給率の低下に歯止めをかけることは困難な状況に直面している可能性がある。

国産牛乳が飲めなくなる？

酪農は「クワトロパンチ」（四つの打撃）である。「TPPプラス」の日欧EPAとTPP11と日米FTAの市場開放に加えて、農協共販の解体の先陣を切る「生贄」にされた。頻発するバター不足の原因が酪農協（指定団体）によって酪農家の自由な販売が妨げられていることにあるとして、「改正畜安法（畜産経営の安定に関する法律）」で酪農協が全量委託を義務付けてはいけないと規定して酪農協の弱体化を推進している。

EUでは、寡占化した加工・小売資本が圧倒的に有利に立っている現状の取引交渉力バランスを是正することにより、公正な生乳取引を促すことが必要との判断から、独禁法の適用除外の生乳生産者団体の組織化と販売契約の明確化による取引交渉力の強化が進められているのとは真逆の対応が我が国では採られている。共販のルールに縛りをかける「改正畜安法」は、本来の独禁法の精神（農協共販を規制しない）と矛盾する「重大な欠陥」を有している。

生乳は英国のサッチャー政権の酪農組織解体の経験が如実に示すように、買いたたかれ、流通は混乱する。このクワトロパンチの将来不安も影響して、すでに都府県を中心とした生乳生産の減少が加速しており、「バター不足」の解消どころか、「 飲用乳が棚から消える」事態が2019年夏からも起こり得ると警鐘を鳴らしてきたが、北海道の惨事（2018年の北海道胆振東部地震に伴う大規模停電による生乳廃棄）で顕在化した。この事態を、消費者は北海道の停電による一時的現象と勘違いしている。これは、いつ、そういうことが起きてもおかしくない構造的問題なのである。消費者はチーズが安くなるからいいと言っていると、子供に「ごめん、今日は牛乳売ってないの」と言わないといけない差し迫る国民生活の危機を認識すべきなのである。

畳みかける貿易自由化で
より加速する地域の生産衰退

これまで国産の食料供給が畳みかける自由化で、どれほどの影響を受けるかについて全国ベースの試算を示したが、さらに発展させ、新たな情勢をさらに加味した形で、かつ具体的な地域レベルへの影響を詳細に見るために、長野県を例にした最新試算を紹介する。日本がますます標的にされつつあるのに、それに対処するために振興すべき地域の食料生産は一層脆弱化していくという事の重大さを再認識したい。

貿易自由化が地域の農業と関連産業に及ぼす影響

安全・安心な国産を支えなくては国民の命が守れない事態が迫っているにもかかわらず、今後の地域の農業生産には一層の暗い見通しが出てきていることが実に深刻である。我々は、長野県を事例として、最新の情勢を加味して、新たな貿易自由化による農業生産の減少額を試算してみた。その結果、国の試算方法に準拠した長野県庁の影響試算額の20倍もの数値が出てきたのである。

推定結果の概要

①長野県の農林業の生産減少額は、454億～470億円（約16％）と推定される（134ページの**表５－５**、136～137ページの**表５－６**）。

• 454億円は、元のTPP水準の自由化の場合である。TPP11（米国抜

表5－5　長野県の農林産物への影響の総括表

長野県（平成29年）			ケース1		ケース2	
農林産物	産出額	構成比	生産額減少率	生産減少額	生産額減少率	生産減少額
	億円	%	%	億円	%	億円
農産物上位50品目計	2323	93.6	18.0	417.7	18.6	432.9
（コメを除く）			13.7	317.1	14.3	332.3
主要農林産物合計	2913		15.6	454.3	16.1	496.5
（コメを除く）			12.1	353.7	12.7	369.0

注：①資料・平成29年生産農業所得統計、平成29年林業産出額統計
②ケース１はブドウ及びリンゴの生産額減少率に前と同じ32.4%と42.5%を適用し、乳製品の追加低関税輸入枠を７万トンとした場合
③ケース２はブドウ及びリンゴの生産額減少率に最新の動向を反映し、乳製品の追加低関税輸入枠を10万トンとした場合

きのTPP）が 2018年12月30日に発効したが、ここで日本は、（コメの枠以外は）米国も含めたTPP12の内容を11か国にそのまま譲歩してしまった。つまり、日本の譲歩は、TPP11でほぼTPP12と同じ（TPP水準）になってしまっているという重大な事実を押さえないといけない。今回は、長野県の主要品目が価格下落により受ける生産減少率を最新15年の年次データを用いて推定することで、価格変化への長野県の生産の反応をより正確に試算に導入した。

- 470億円は、一つはTPP11発効後に、リンゴとブドウの輸入増加が顕著であったこと（2019年の輸入量は対前年比で、リンゴ＋30%、ブドウ＋26%）を考慮して、新たな推計で、リンゴとブドウの価格下落が国内供給に与える影響が以前の推定より大きい可能性と、もう一つは今回の日米協定で見送られた乳製品の米国向け枠（３万トンと仮定）が今後「二重」に追加される可能性、を加味した結果である。

いずれの場合も、今回見送られたコメの７万トンの米国枠は、早晩受

チリ産ブドウ（種なし）

米国産ブドウ（種なし）

け入れざるを得ないとの判断で試算に含めている。かりに、当面の間として、コメの生産減少額100億円を除いても、354億～369億円（12～13％の減少）と推定される。

今回の日米協定で「二重」に付加され、かつ、輸入の増加に応じて広げていくことが約束された牛肉・豚肉のセーフガード（緊急輸入制限）数量については、セーフガードが機能せず、実質的に無制限の低関税での輸入を許容したことと同じであるが、セーフガード数量が大きすぎるので機能しない可能性は、元のTPPの試算でも織り込んでいたので、今回の新たな試算での前提には変更の必要はなかった。また、この試算は、関税撤廃・削減や輸入枠の増加の約束がすべて遂行された最終年のレベルに対して国内生産への影響が出尽くした段階の数値を示している。

なお、元のTPPと今回のTPP11＋日米協定との影響の比較を行う観点から、今回の試算には、日欧EPAの影響、具体的には、カマンベールやモッツァレラなどのソフト系チーズの実質的関税撤廃が「TPPプラス」で加わった影響、ワイン関税の撤廃がワイン用ブドウ生産に与える

表5－6　長野県の農林業生産減少額試算（平成29年基準）

長野県（平成29年）			ケース1		ケース2	
農林産物	産出額	構成比	生産額減少率	生産減少額	生産額減少率	生産減少額
	億円	%	%	億円	%	億円
一、農業産出額	2,475	100.0				
米	472	19.1	21.31	100.58	21.31	100.58
リンゴ	268	10.8	42.50	113.90	43.12	115.56
レタス	227	9.2	3.57	8.11	3.57	8.11
ブドウ	207	8.4	32.40	67.07	38.07	78.80
ハクサイ	115	4.6	6.11	7.03	6.11	7.03
生乳	106	4.3	12.32	13.06	13.75	14.58
肉用牛	70	2.8	29.99	20.99	29.99	20.99
豚	55	2.2	48.80	26.84	48.80	26.84
モモ	54	2.2	7.62	4.11	7.62	4.11
キャベツ	50	2.0	4.14	2.07	4.14	2.07
日本ナシ	43	1.7	5.72	2.46	5.72	2.46
ネギ	42	1.7	3.53	1.48	3.53	1.48
ブロッコリー	40	1.6	10.48	4.19	10.48	4.19
セルリー	31	1.3	4.15	1.29	4.15	1.29
アスパラガス	31	1.3	17.52	5.43	17.52	5.43
キュウリ	31	1.3	5.62	1.74	5.62	1.74
干しガキ	30	1.2	13.45	4.03	3.45	4.03
トマト	26	1.1	5.52	1.44	5.52	1.44
スイカ	25	1.0	9.61	2.40	9.61	2.40
ブロイラー	24	1.0	28.51	6.84	28.51	6.84
カーネーション	23	0.9	0.00	0.00	0.00	0.00
モヤシ	22	0.9	3.55	0.78	3.55	0.78
ホウレンソウ	21	0.8	3.36	0.71	3.36	0.71
乳牛	21	0.8	12.32	2.59	13.75	2.89
イチゴ	19	0.8	6.84	1.30	6.84	1.30
トルコギキョウ	18	0.7	0.00	0.00	0.00	0.00
ヤマノイモ	16	0.6	15.03	2.40	15.03	2.40
スモモ	16	0.6	7.20	1.15	7.20	1.15
スイートコーン	16	0.6	13.57	2.17	13.57	2.17
ダイコン	16	0.6	3.63	0.58	3.63	0.58
鶏卵	15	0.6	31.57	4.74	31.57	4.74
洋ラン（鉢）	15	0.6	0.00	0.00	0.00	0.00
アルストロメリア	13	0.5	0.00	0.00	0.00	0.00
カボチャ	13	0.5	3.55	0.46	3.55	0.46
バレイショ	12	0.5	5.32	0.64	5.32	0.64
パセリ	12	0.5	4.37	0.52	4.37	0.52
非結球ツケナ	12	0.5	0.00	0.00	0.00	0.00

キク	11	0.4	0.00	0.00	0.00	0.00
ナス	10	0.4	11.97	1.20	11.97	1.20
ソバ	9	0.4	9.96	0.90	9.96	0.90
サヤインゲン（未成熟）	8	0.3	4.91	0.39	4.91	0.39
ワサビ	8	0.3	3.55	0.28	3.55	0.28
カキ	7	0.3	1.90	0.13	1.90	0.13
ウメ	7	0.3	0.00	0.00	0.00	0.00
ハチミツ	7	0.3	0.00	0.00	0.00	0.00
ピーマン	7	0.3	4.24	0.30	4.24	0.30
シクラメン（鉢）	6	0.2	0.00	0.00	0.00	0.00
オウトウ	6	0.2	11.23	0.67	11.23	0.67
西洋ナシ	5	0.2	10.60	0.53	10.60	0.53
サヤエンドウ（未成熟）	5	0.2	3.55	0.18	3.55	0.18
上記品目　小計	2,323	93.6	17.98	417.69	18.64	432.91
（コメを除く）			13.65	317.11	14.31	332.33
二、林業産出額	590.4	100.0				
栽培キノコ類	538.5	91.2	6.22	33.52	6.22	33.52
その他の林産物（栽培キノコ類除く）	51.9	8.8	6.00	3.11	6.00	3.11
主要農林産物合計	2913.4		15.59	454.33	16.12	469.54
（コメを除く）			12.14	353.75	12.66	368.96

注：①資料・平成29年生産農業所得統計、平成29年林業産出額統計
②ケース1はブドウ及びリンゴの生産額減少率に前と同じ32.4％と42.5％を適用し、乳製品の追加低関税輸入枠を７万トンとした場合
③ケース2はブドウ及びリンゴの生産額減少率に最新の動向を反映し、乳製品の追加低関税輸入枠を10万トンとした場合
④栽培キノコ類の供給の価格弾力性はエノキタケの弾力性（0.4341）とブナシメジの弾力性（0.6929）を2018年の生産量（エノキタケ：44828トン、ブナシメジ：27165トン）で加重平均した結果である

影響などの明示的な考慮は行われていない。

なお、当研究室が政府と同じGTAPモデルを用いて、日米協定とTPP11、日欧も含めた各協定の日本の農産物への影響を暫定的に試算した結果は138ページの**表５－７**の通りである。これを見ると、TPP11＋日米協定の場合に、コメを除いた場合で、総生産額の19％が失われるという推定結果になっており、今回の長野県における推定結果（コメを除いて14％の農業生産額の減少）が、けっして過大ではないことが確認できる。

②農林水産業の生産減少（454億～470億円）による全産業の生産減

表５－７　貿易協定ごとの日本の農産物への影響試算

	農業生産額（億円）	H30総生産額に対する割合（9兆558億円）
TPP11	▲10,846	11.98%
日　米	▲9,510	10.50%
日　欧	▲8,688	9.59%
TPP11＋日米	▲16,902	18.66%
TPP11＋日米＋日欧	▲19,761	21.82%

注：農産物についての仮定: コメ、砂糖は除外。小麦はマークアップ（関税相当）の45％削減、牛肉関税は９％、生乳価格は７円低下、豚肉は関税1/10など。１ドル＝100円で換算。東大鈴木研究室による暫定試算。政府は、GTAPモデルによる試算においても、最初から「農業生産量は変わらない」ことを前提として、農業生産量を固定して計算しているので論外である。

少額は、約727億～ 751億円と推定される。波及倍率は1.60である。

③就業者に与える影響として、対象品目の生産に係る農林水産業で約１万8000人前後、全産業で約２万人近くから２万1000人までの雇用の減少が見込まれる。

④県民総生産（注１）（ＧＤＰ）に与える影響については、約398億～ 411億円の減少となり、ＧＤＰを0.48 ～ 0.50％押し下げる。

⑤生産減少、就業者数の減少を通じた家計消費の減少額は、約181 ～ 187億円となり、ＧＤＰの0.48 ～ 0.50％の低下のうち、0.22 ～ 0.23％分の寄与となる。

⑥日本学術会議答申（平成13年）によると、主として水田の持つ洪水防止機能、河川流況安定機能、地下水涵養機能、土壌浸食防止機能、土砂崩壊防止機能、気候緩和機能の貨幣評価額の合計は5万8345億円にのぼる。水田面積（注２）の3.4％程度が減少することに伴って、こうした多面的機能も3.4％が失われると仮定すれば、その長野県における喪失額は、44億円程度と見込まれる。

（注１）長野県のＧＤＰは、平成28年度で約８兆2723億円（平成28年度 長野県の県民経済計算）。なお、ＧＤＰを0.48 ～ 0.50％押し下げると

いうのは、あくまで、農林水産業の生産減少による影響を総計したものであり、自由化によって製造業などに生じる生産増加などの影響は含まれていない点に留意されたい。

（注２）農林水産省の「平成30年農作物作付（栽培）延べ面積及び耕地利用率」によると、平成30年の田面積は全国で240万5000ha、長野県が5万2800ha。

国・県の試算との違い

TPP11＋日米協定による農産物についての政府の影響試算に準じた県の試算では、長野県の農業生産の減少額は25億円で、今回の我々の試算とは約20倍もの開きがある。なぜ、このような差が生じるのか。

国の試算は、①生産量が変化しない、②農家の実質的な手取り価格も変化しないことを前提に計算されている。関税撤廃・削減や輸入枠の増大によって価格が下落しても生産量も農業所得も一切変化しない、と仮定することに現実性はない。これを「影響試算」と呼ぶのは無理がある。これに準拠せざるを得ない県は気の毒である。

本来、価格（P）が下がれば生産（Q）は減るので、価格下落（△P）×生産減少量（△Q）で生産額の減少額（△PQ）を計算し、「これだけの影響があるから対策はこれだけ必要だ」の順で検討すべきところを本末転倒し、「影響がないように対策をとるから影響がない」と主張していることになる。

農産物価格が10円下落しても差額補填によって10円が相殺されるか、生産性向上対策の結果、生産費が10円低下する、つまり実質的な生産者の単位当たりの純収益は変わらないから、生産量Qも所得も変わらない、という理屈である。「影響がないように対策をとった」ことを前提に試算した農産物の生産減少額を基に対策を検討するのは論理矛盾である。

これに対して、我々は、過去の15年間の実際の価格と生産量の長野県の統計データから価格が１％下落したら生産量が何％減少したかという関係を統計学的に推定して、自由化による価格下落がどれだけの生産量の減少につながるかを一定の合理性をもって試算した。また、①ブランド品の価格低下は通常品の1／2とか、②輸入枠の増加は在庫の増加で吸収するから国内価格への影響がない、③加工原料乳価の下落は飲用乳価格に影響しない、④果汁の価格下落と輸入増は果物の生食需給に影響しないといった非現実的な仮定が国の試算では行われている。

我々は、それを改善した。①については、和牛価格も輸入価格と連動していること（輸入牛肉1円下落でA 5ランクの牛肉は0.87円下落）を過去のデータから統計学的に推定し、②についても、在庫の増加が価格を引き下げ圧力となること（バター在庫1割増で価格は2.6％下落、脱脂粉乳在庫1割増で価格は2％下落）を過去のデータから統計学的に推定し、一定の合理性を担保して価格下落による生産量・生産額への影響を試算した。

③については、加工原料乳価の下落と同じだけ飲用乳価が下落しないと北海道と都府県との関係で生乳需給が均衡しないことを組み込んだ。④については、例えばブドウ果汁の輸入価格の1％の下落によって国内のブドウ供給は0.51％減少することを過去のデータから統計学的に推定した。さらにコメについては、SBS（売買同時契約）米が1％下落すると国産業務用米が0.536％下落する関係、業務用米が1％下落すると家庭用米が0.476％下落する関係も統計学的に推定して試算に組み込んだ。

また、県の試算は16品目をカバーしているが、本試算は品目のカバー率もはるかに高い。平成29年の生産農業所得統計の長野県の品目別生産額の上位50品目について生産減少額を推定している。

主要品目の生産減少額の推定方法

試算の考え方

生産額（P×Q）の減少率は、価格（P）の減少率、生産量（Q）の減少率、供給の価格弾力性（価格1％の下落による生産の減少％）を用いて、次のように表せる。

$$A = \{1 - (1 - B/100) \times (1 - C/100)\} \times 100$$

C＝B×D

A＝生産額（P×Q）の減少率 %

B＝価格（P）の減少率 %

C＝生産量（Q）の減少率 %

D＝供給の価格弾力性（価格１%の下落D%生産量が減少する）

政府試算では、価格が下落しても、国内対策の強化による差額補填と生産性向上によって、価格の下落分と同じだけコストも下がるので、生産量と所得はまったく変化しないと想定している。つまり、C＝０で、A＝ Bにしかならない。生産額の減少率は価格の減少率のみとなる。

まず、対策がない場合に、かつ、生産性向上を前提としない（生産コストは現状のまま）の場合に、どれだけの影響が推定されるかを示し、だから、どれだけの追加対策が必要かの順で検討すべきであろう。

主要品目ごとの農業生産減少額の導出方法

①コメ＝価格（P）の減少率（業務用米14.4%、家庭用米6.85%）、生産量（Q）の減少率12.29%、生産額（P×Q）の減少率21.31%

②バター・脱脂粉乳の生乳換算枠が７万トンである場合、生乳＝価格（P）の減少率6.22%、生産量（Q）減少率6.51%、生産額（P×Q）の減少率12.32%；バター・脱脂粉乳の生乳換算枠が７万トンから10万トンに増加する場合、生乳＝価格（P）の減少率6.97%、生産量（Q）減少率7.3%、生産額（P×Q）の減少率13.75%

③牛肉＝価格（P）の減少率（高級和牛5.17%、その他19.33%）、生産量（Q）の減少率（高級和牛6.13%、その他22.91%）、生産額（P×Q）の減少率29.99%

④豚肉＝価格（P）の減少率31%、生産量（Q）の減少率 25.7%、生産額（P×Q）の減少率48.8%

⑤ブロイラー、鶏卵＝生産量（Q）減少率　ブロイラー20％、鶏卵17％
全面的関税撤廃で、前提が同じなので、2013年の農水省試算における生産減少率を適用する。
⑥果樹＝生果価格、果汁価格が１％下落したときの供給量の変化率を品目ごとに求め、生果の17％程度の関税分、果汁の30％前後の関税分の価格下落による生産額の減少額を計算した。
⑦野菜＝野菜の多くは３％の関税だが、この撤廃による価格減少率2.9％（３/103）と、新たに推定した供給の価格弾力性を用いて、品目ごとの生産額減少率を推定した。
⑧花類、その他の一部の品目では、生産額の減少がゼロになっているが、これらは、上記の方法での推定から漏れた品目である。影響がないという意味ではなく、現段階では、影響の推定方法が確立できていないためである。

貿易自由化が加わった場合の長期的な影響

長野県の農業センサス構造動態統計から、2005～2010年の主要品目生産農家の規模階層間移動割合を求め、その割合で規模階層間移動が継続した場合の将来の規模別農家数から生産量を推定する。これによって近年の趨勢的な生産構造の脆弱化が長期的に生産に及ぼす影響を推定することができる。

対象品目は、コメ、小麦、大豆、野菜、果樹、生乳、牛肉、豚肉とする。各品目のうち、長野県の規模階層間移動のデータがあるのが水稲しかないため、水稲以外の品目について関東・東山（山梨県・長野県・岐阜県）ブロックのデータを代用する。

具体的には、まず2015年の長野県規模別農業経営体数に規模階層間移動割合をかけることで、５年後の規模階層別の農業経営体数の推計値が求められる。これを繰り返し、2035年までの順次５年ごとの規模階層別の農業経営体数の推計値を求める。そして、規模階層別の平均規模が

2015年実績のまま推移すると仮定して、移動割合をかけて求めた規模階層別農業経営体数の推計値に階層別の平均作付面積・飼養頭数をかけて、全体での総作付面積・総飼養頭数の推計値を求める。

単収・１頭当たり乳量などが2015年の実績値でほぼ変わらずに推移すると仮定すれば、総作付面積・総飼養頭数の伸び率が総生産量の伸び率になる。品目別で、2015年の総作付面積・総飼養頭数をベースにして、2020年、2025年、……2035年までの総作付面積・総飼養頭数の指数を求める（**表５－８**）。

表５－８　生産構造の脆弱化と自由化の総合的影響

品目	年	供給（2015＝100）	
		趨勢	自由化考慮
コメ	2015	100	100
	2035	101	98
小麦	2015	100	100
	2035	159	136
大豆	2015	100	100
	2035	80	80
野菜	2015	100	100
	2035	48	47
果物	2015	100	100
	2035	53	46
酪農	2015	100	100
	2035	39	38
牛肉	2015	100	100
	2035	53	42
豚肉	2015	100	100
	2035	32	23

水稲の場合、規模階層別に見ると、10a以上、特に15ha以上の大規模稲作経営体数が増える傾向を示し、一方で、10ha以下の中小規模稲作経営体数の減少が著しい。しかし、野菜、果樹、畜産などに比べると、小規模層の減少幅は小さく、一方で、特に、最大規模階層の15ha以上層の拡大が大きいため、2035年までの長野県内の水稲総作付面積の推移は横ばい傾向を示した。

コメと小麦以外の大豆、野菜、果樹、乳用牛、肉用牛、豚等の主要品目については、大規模化が進んでいくにもかかわらず、中小規模の農業経営体数の激減によって全体の経営体数が減少傾向を示す。その結果、将来各品目の作付面積、飼養頭数の顕著な減少傾向が見られる。特に、野菜、果物、牛肉は半減、酪農は６割減、豚肉は７割減と大きい。

さらに、これに、TPPプラスの新たな貿易自由化の影響を加味すると、供給の減少がより加速し、とりわけ、牛肉（6割減)、豚肉（8割減）への影響が大きいと推定される（**表5－8**)。この試算には、関税撤廃・削減や輸入枠の増加の約束されたスケジュールが時系列で5年ごとに反映されている。

食品流通業界としても早急な対応策が不可欠

当面の影響を相殺するために必要な補填予算額

自由化による当面の価格下落を相殺するには、①韓国のように自由化の影響で価格下落した分を補填する仕組み、これは、②米国型の不足払い（農家に必要な目標価格－市場価格）と通じる考え方であり、これを③EUのように単位面積当たりや家畜飼養頭数当たりの直接支払いの形に組み替えて支払う工夫もありうるが、そうした政策を導入する必要がある。

必要な補填額は146 ～ 147ページの**表5－9**の通りで、今回の事例とした長野県については、年間219億円の予算措置が求められる。国や県だけに要求するのではなく、JA組織としても、食品流通業界としても、独自の補填システムを創設するとか、なにがしかのアクションを起こすことで、県や国の動きを促すべきであろう。

趨勢的な生産構造脆弱化と総合的影響への対応策

今後の生産の趨勢的変化と自由化の影響を総合した将来予測は地域レベルでも深刻なものとなっており、現在の生産量を前提にした補填対策の議論だけでは到底足りない。

これまで国内供給の危うさを新たな情勢変化も加味して、地域レベルで詳細に検討することと、これまで取り上げた輸入食品の安全性に関する議論を、日本が危険な食品の選択的仕向け先になりつつあるという視

新型コロナ・ウイルス禍を経て、地産地消・旬産旬消への意識が高まり、国産派が増えている（福島県郡山市＝JA全農福島・愛情館）

点から整理し直すことによって、輸入と国内供給が直面する事態の深刻さが一層明確に認識された。事例とした長野県において県庁の試算額の20倍もの生産減少額が推計されたことも衝撃である。

食品流通業界としても、輸入依存の抑制と効果的な国産振興のための政策提案が望まれる。例えば、国産食材購入者（消費者、加工業者、流通業者、レストランなど）へのポイント制による支援を検討してはどうだろうか。

国産の農産物の購入時に消費者にはポイントが付与されるようにする。ポイントは公共施設の利用時の割引券との交換や、節目のポイント達成時には、抽選で自動車が当たるなどの特典も設ける。加工・流通業者やレストランについても、国産と県産の食材使用分についてポイント制度か、奨励金の交付でインセンティブを付与する。このようなイメージの仕組みを行政と業界が共同して行うのである。

そして、何よりも根本的には、「国産を支えないと国民の命が守れない」という明快な事実を、日本の消費者と食品流通業界が真に認識し、「今だけ、金だけ、自分だけ」から脱却し、国産振興のための行動を起こすことなくして、この危機は乗り越えられないと思われる。

繰り返すが、小麦も、牛肉も、乳製品も、果物も「危ないモノ」は日本向けになっているが、日本では、まさか小麦にグリホサートはかけな

表５－９　長野県農林産物の品目別の必要差額補填額の試算結果

長　野			生産量固定の場合の生産額減少率	差額補填額（生産量固定の場合の生産減少額）
農　産　物	産出額	構成比		
	億円	%	%	億円
一、農業産出額	2,475	100.0		
米	472	19.1	10.47	49.44
リンゴ	268	10.8	14.53	38.94
レタス	227	9.2	2.91	6.61
ブドウ	207	8.4	14.53	30.08
ハクサイ	115	4.6	2.91	3.35
生乳	106	4.3	6.97	7.39
肉用牛	70	2.8	15.22	10.65
豚	55	2.2	31.00	17.05
モモ	54	2.2	5.66	3.06
キャベツ	50	2.0	2.91	1.46
日本ナシ	43	1.7	4.58	1.97
ネギ	42	1.7	2.91	1.22
ブロッコリー	40	1.6	2.91	1.17
セルリー	31	1.3	2.91	0.90
アスパラガス	31	1.3	2.91	0.90
キュウリ	31	1.3	2.91	0.90
干しガキ	30	1.2	8.26	2.48
トマト	26	1.1	2.91	0.76
スイカ	25	1.0	5.66	1.42
ブロイラー	24	1.0	10.63	2.55
カーネーション	23	0.9	0.00	0.00
モヤシ	22	0.9	2.91	0.64
ホウレンソウ	21	0.8	2.91	0.61
乳牛	21	0.8	6.97	1.46
イチゴ	19	0.8	5.66	1.08
トルコギキョウ	18	0.7	0.00	0.00
ヤマノイモ	16	0.6	8.26	1.32
スモモ	16	0.6	5.66	0.91
スイートコーン	16	0.6	5.66	0.91
ダイコン	16	0.6	2.91	0.47
鶏卵	15	0.6	17.56	2.63
洋ラン（鉢）	15	0.6	0.00	0.00

アルストロメリア	13	0.5	0.00	0.00
カボチャ	13	0.5	2.91	0.38
バレイショ	12	0.5	4.12	0.49
パセリ	12	0.5	2.91	0.35
非結球ツケナ	12	0.5	0.00	0.00
キク	11	0.4	0.00	0.00
ナス	10	0.4	2.91	0.29
ソバ	9	0.4	8.26	0.74
サヤインゲン（未成熟）	8	0.3	2.91	0.23
ワサビ	8	0.3	2.91	0.23
カキ	7	0.3	5.66	0.40
ウメ	7	0.3	0.00	0.00
ハチミツ	7	0.3	0.00	0.00
ピーマン	7	0.3	2.91	0.20
シクラメン（鉢）	6	0.2	0.00	0.0
オウトウ	6	0.2	7.83	0.47
西洋ナシ	5	0.2	4.58	0.23
サヤエンドウ（未成熟）	5	0.2	2.91	0.15
上記品目　小計	2,323	93.6		196.48
二、林業産出額	590.4	100.0		
栽培キノコ類	538.5	91.2	4.12	22.20
その他の林産物（栽培キノコ類除く）	51.9	8.8		
主要農林産物合計	2913.4			218.68

注：バター・脱脂粉乳の追加輸入枠が10万トンの前提で計算。

いし、乳牛にrBSTも肥育牛にエストロゲンも投与しない。得られるメッセージは単純明快である。国産の安全・安心なものに早急に切り替えるしかないということである。このまま、世界的に安全基準が厳しくなっている中、逆行して日本だけが基準を緩めさせられ続けたら、日本国民はますます格好の標的にされる。

〈引用文献〉

Rubio F, Guo E, Kamp L, Survey of glyphosate residues in honey, corn and soy products. Environmental & Analytical Toxicology 2014, 5: 1-8. DOI: 10.4172/2161-0525.1000259

命と暮らしを守る
ネットワークづくりに向けて

生産者・関連産業・消費者は運命共同体

国の政策を改善する努力は不可欠だが、それ以上に重要なことは、自分たちの力で自分たちの命と暮らしを守る強固なネットワークをつくることである。農家は、協同組合や共助組織に結集し、市民運動と連携し、自分たちこそが国民の命を守ってきたし、これからも守るとの自覚と誇りと覚悟を持ち、そのことをもっと明確に伝え、消費者との双方向ネットワークを強化して、安くても不安な食料の侵入を排除し、「今だけ、金だけ、自分だけの３だけ主義」の地域への侵入を食い止め、自身の経営と地域の暮らしと国民の命を守らねばならない。消費者は、それに応えてほしい。それこそが強い農林水産業である。

世界で最も有機農業が盛んなオーストリアのPenker教授の「生産者と消費者はCSA（産消の近接提携）では同じ意思決定主体ゆえ、分けて考える必要はない」という言葉には重みがある。JA（農協）と生協の協業化や合併も選択肢になりうる。究極的にはJAが正・准組合員の区別を超えて、実態的に、地域を支える人々全体の協同組合に近づいていくことが一つの方向性として考えられる。

国産牛乳供給が滞りかねない危機に直面して、乳業メーカーも動いた。J-milkを通じて各社が共同拠出して産業全体の長期的持続のために個別の利益を排除して酪農生産基盤確保の支援事業を開始した。乳業界は心強い。

新しい酪肉近（酪農及び肉用牛生産の近代化を図るための基本方針）の生乳生産目標の設定にあたり、業界から800万トンという意欲的な数字を提示し、「800万トンを必ず買います」と力強く宣言している。さらに、具体的にどうやって800万トンに近づけていくかの行動計画も提言「力強く成長し信頼される持続可能な産業を目指して」https://www.j-milk.jp/news/teigen2020.htmlで示しており、本来、国が提示すべきことを自分たちでやっていこうという強い意思が感じられる。酪農家とともに頑張る覚悟を乳業界が明確にしていることは励みになる。JA組織も系統の独自資金による農業経営のセーフティネット政策を国に代わって本格的に導入すべきである。

先日、農機メーカーの若い営業マンの皆さんが「自分たちの日々の営みが日本農業を支え国民の命を守っていることが共感できた」と講演後の筆者の周りに集まってくれた。本来、生産者と関連産業と消費者は「運命共同体」である。

人に優しく、環境に優しく、生き物に優しい経営の価値を消費者が共感し、そこから生み出されるホンモノに高い値段を払おうとするような消費者との強い絆が形成される結果、規模が小さくても高収益を実現できる。新大陸型農業に規模拡大だけで闘ったらひとたまりもない。規模の大小は「優劣」ではなく「経営スタイルや経営思想が違う」のであり、様々な経営がその特色を生かし持続しうるし、現に持続していることを忘れてはならない。

農業が地域コミュニティの基盤を形成

兼業農家の果たす役割にも注目すべきである。兼業農家の現在の主たる担い手が高齢化していても、兼業に出ていた次の世代の方が定年帰農し、また、その次の世代が主として農外の仕事に就いて、という循環で、若手ではなくとも稲作の担い手が確保されるなら、「家」総体としては

コミュニティがあるから地域の水田の水管理などの役割分担が成り立つ（秋田市）

合理的で安定的で、一種の「強い」ビジネスモデルである。こうした循環を「定年帰農奨励金」でサポートすることも検討されてよい。

「大規模化して、企業がやれば、強い農業になる」という議論には、そこに人々が住んでいて、暮らしがあり、生業があり、コミュニティがあるという視点が欠落している。そもそも、個別経営も集落営農型のシステムも、自己の目先の利益だけを考えているものは成功していない。成功している方は、地域全体の将来とそこに暮らすみんなの発展を考えて経営している。だからこそ、信頼が生まれて農地が集まり、地域の人々が役割分担して、水管理や畦の草刈りなども可能になる。

そうして、経営も地域全体も共に元気に維持される。20 ～ 30ha規模の経営というのは、そういう地域での支え合いで成り立つのであり、ガラガラポンして１社の企業経営がやればよいという考え方とは決定的に違う。それではうまく行かないし、地域コミュニティは成立しない。そのことを混同してはいけない。

農業が地域コミュニティの基盤を形成していることを実感し、食料が身近で手に入る価値を共有し、地域住民と農家が支え合うことで自分たちの食の未来を切り開こうという自発的な地域プロジェクトが芽生えつつある。「身近に農があることは、どんな保険にも勝る安心」（結城登美雄氏）、地域の農地が荒れ、美しい農村景観が失われれば、観光産業も成り立たなくなるし、商店街も寂れ、地域全体が衰退していく。

これを食い止めるため、地域の旅館等が中心になり、農家の手取りが、コメ一俵1万8000円確保できるように購入し、おにぎりをつくったり、加工したり、工夫して販路を開拓している地域もある。環境に優しい農法のコメを２万円以上で買い取っている生協もある。

協同組合、共助組織、市民運動組織と自治体の政治・行政などが核となって、各地の生産者、労働者、医療関係者、教育関係者、関連産業、消費者などを一体的に結集して、地域を食いものにしようとする人たちは排除し、安全・安心な食と暮らしを守る地域住民ネットワーク（各地で動き出している。福岡や千葉や信州は筆者も立ち上げにかかわった）を強化し、徹底的に支え合えば、未来は開ける。改悪された国の法律に対しては、それを覆す県や市町村の条例の制定で現場の人々を守ることができる。

「共」と「公」が機能することが必要

我々の社会は次の「私」「公」「共」のせめぎ合いとバランスの下で成立している。

「私」＝個人・企業による自己の目先の金銭的利益（今だけ、金だけ、自分だけ）の追求。

「公」＝国家・政府による規制・制御・再分配。

「共」＝自発的な共同管理、相互扶助、共生のシステム。「私」による「収奪」的経済活動の弊害、すなわち、利益の偏りの是正に加え、命、資源、環境、安全性、コミュニティなどを、共同体的な自主的ルールによって低コストで守り、持続させることができる（ノーベル経済学賞受賞のオストロム論文が証明）。

「公」「共」をなくして「私」のみにすれば経済厚生（経済的利益）は最大化されるというのが市場原理主義経済学だが、その前提条件の「完全雇用」（失業は瞬時に解消される）「完全競争」（誰も価格への影響力を持たない）は実在しない。実態は、「勝者」が市場支配力（価格を操作する力）を持ち、労働や原材料を「買いたたき」、製品価格の「つり上げ」で市場を歪めて儲けを増やす。その資金力で、政治と結びつき、規制緩和の名目で、さらに自己利益を拡大できるルール変更（レント・シーキング）を画策するため、「オトモダチ」への便宜供与、国家私物化、世界私物化が起こる。

こうして、「公」が「私」に「私物化」されて、さらなる富の集中、格差が増幅されるのは「必然」的メカニズムともいえる。農地、種、海、山を既存の農林漁家からオトモダチ企業のものにしていこうとする一連の法改定、また、農協の共販・共同購入を弱体化する農協法改定や畜産経営の安定に関する法律改定は、こうしたメカニズムの結果だと考えると、よく理解できる。

「私」の暴走を抑制し、社会に適切な富の分配と持続的な資源・環境の管理を実現するには、拮抗力（カウンターベイリング・パワー）としての「公」と「共」が機能することが不可欠である。しかし、「公」が「私」に私物化され、「公」を私物化した「私」の収奪的な目先の金銭的利益追求にとって最大の障害物となる「共」を弱体化する攻撃が展開される。したがって、「共」こそが踏ん張り、社会を守らないといけない。「公」を取り込んだ「私」の暴走を抑制するのが「共」の役割である。

協同組合・共助組織の真の使命を求めて

農協や漁協は「生産者価格を高めるが消費者が高く買わされる」、生協の産直やフェア・トレードは「消費者に高く買ってもらう」と考えられがちだが、これは間違いである。

コーヒーの国際取引でグローバル企業のネスレなどの行動で問題にされるのは農家から買いたたいて消費者に高く売って「不当な」マージンを得ていることである。国内取引でも同じで、流通・小売業界の取引交渉力が強いことによって、中間のマージンが大きくなっていることが問

図5－2　流通業者の買いたたきと高値販売の
農協共販による改善

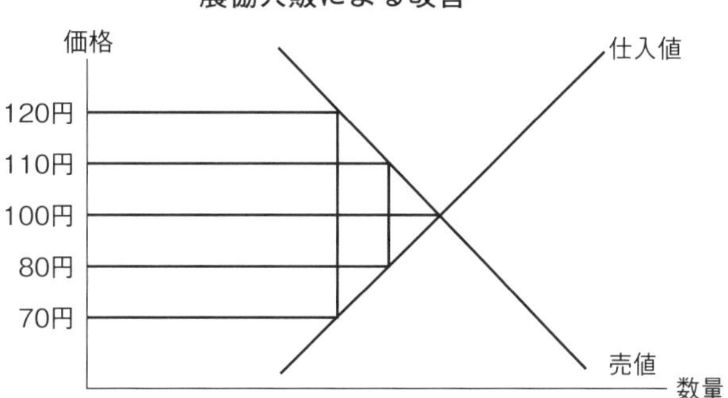

題なのである。ということは、農協・漁協の共販によって流通業者の市場支配力が抑制されると、あるいは、既存の流通が生協による共同購入に取って代わることによって、流通・小売マージンが縮小できれば、農家は今より高く売れ、消費者は今より安く買うことができる。こうして、流通・小売に偏ったパワー・バランスを是正し、利益の分配を適正化し、生産者・消費者の双方の利益を守る役割こそが協同組合の使命である。

不当なマージンの源泉のもう一つが労働の買いたたきである。「人手不足」というが実態は「賃金不足」だ。先進国で唯一実質賃金が下がり続けている。労働側は踏ん張らねばならない。

単純化すると（**図5－2**）、例えば、（想定上の）完全競争市場なら流通業者はコメ１kgを100円で買って100円で売る（流通業者の費用を除く）が、市場支配力のある流通業者は70円で買いたたいて120円で売るという商売をする。今、農協の存在によって、流通業者の市場支配力がある程度相殺されると、現実の流通業者は80円で買って110円で売ることになる。あるいは、既存の流通業者が生協に取って代わることによって、生協が80円で買って110円で売ることができるとする。

つまり、農協共販や生協の共同購入によって、農家は今より10円高く売れ、消費者は今より10円安く買うことができるのである。こうして、農協共販や生協の共同購入によって、生産者も消費者も利益が増え、社

図５－３　農協の交渉力とPR（小売価格）、PW（産地価格）、社会的利益の関係

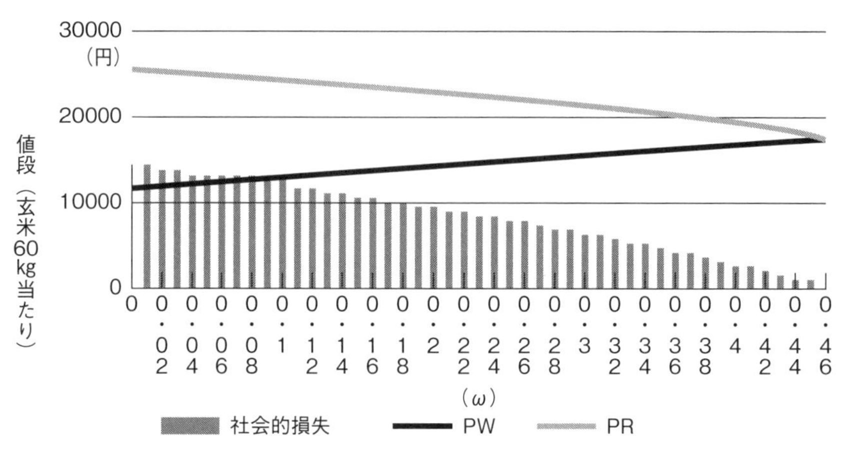

注：資料・大林有紀子さんの卒論研究

会全体の利益も増える（共販・共同購入に伴うコストが増加利益を下回るかぎり）。同じ効果は、「公」が機能して、流通・小売の市場支配力を抑制する、適切な政策が実施された場合にも可能となる（行政コストが増加利益を下回るかぎり）。

具体例を**図５－３**で示す。農協と小売との取引交渉力バランスを示す係数（ωは0から1の値をとり、1のとき産地が完全優位、0のとき小売が完全優位）を導入したモデルによると、農協共販は生産者米価を高め、消費者価格を抑制し、社会全体の損失を軽減できることがわかる。

このように「公」を取り込んだ「私」の暴走を抑制する拮抗力として、社会に適切な富の分配と持続的な資源･環境の管理を実現するのが「共」の役割である。共同体的な自主的ルールは、利益の適正な分配に加え、資源、環境、安全性、コミュニティなどの持続を低コストで達成できることがノーベル賞を受賞したオストロム論文で示されている。

つまり、もう一つ重要なのは、農地や山や海はコモンズ（共用資源）であり、「コモンズの悲劇」（個々が目先の自己利益の最大化を目指して行動すると資源が枯渇して共倒れする）が示す通り、コモンズは自発的

農地や山などはコモンズ（共用資源）。命、資源、環境、コミュニティなどを維持するために社会に不可欠である（神奈川県相模原市）

な共同管理で「悲劇」を回避してきたということだ。だから、農林水産業において協同組合による共同管理を否定するのは根本的な間違いである。

「私」の暴走にとって障害となる「共」を弱体化しようとする動きに負けず、共助組織の役割をもっと強化しなくてはならない。協同組合は、生産者にも消費者にも貢献し、流通・小売には適正なマージンを確保し、社会全体がバランスの取れた形で持続できるようにする役割を果たしていることを、そして、命、資源、環境、安全性、コミュニティなどを守る最も有効なシステムとして社会に不可欠であることを、国民にしっかり理解してもらうために、実際にその役割を全うすべく、邁進すべきである。

市場原理主義による小農・家族農家を基礎にした地域社会と資源・環境の破壊を食い止め、地域の食と暮らしを守る「最後の砦」は共助組織、市民組織、協同組合だ。集落営農の基幹的働き手さえも高齢化で５～10年後の存続が危ぶまれるような地域が増えている中、覚悟をもって自らが地域の農業にも参画し、地域住民の生活を支える事業も強化していかないと地域社会を維持することはいよいよ難しくなってきている。協同組合や自治体の政治・行政には大きな責任と期待がかかっている。忘れてならないのは、目先の組織防衛は、現場の信頼を失い、かえって組織の存続を危うくするということである。
　組織のリーダーは、「我が身を犠牲にしても現場を守る」覚悟こそが、現場を守り、組織を守り、自身も守り、自身の生きた証を刻むことに気づくときである。国民、住民、農林漁家を犠牲にして我が身を守るのがリーダーではない。

食・農の世界潮流と足もとからの立て直し

■

日本農産物の「安全神話」の崩壊!?
～強まる世界の減農薬のうねり～

日本の農産物は「安全でおいしい」「見た目も美しい」を武器に国内外の消費者にアピールしてきたつもりであった。しかし、世界の新たな潮流に直面し、日本農産物の「安全神話」は崩壊しつつある。近年、EUを中心にアジアなどでも進む農薬の使用基準の強化に日本が取り残されつつある。ここでは、この問題を解説しつつ、日本の食と農のあり方について考えてみたい。

タイの農薬規制強化の衝撃

タイでは、農薬のパラコート（除草剤）、クロルピリホス（殺虫剤）とグリホサート（除草剤）について、健康への悪影響が懸念されるとして保健省が使用禁止を求め、政府の有害物質委員会が2019年10月、同年12月から使用、製造、輸出入、所有を禁止する決定を下した。しかし、コスト増加を懸念して農業界が反発し、グリホサートが残留している米国産大豆、小麦などの輸入を妨げるとして米国政府が反発した。これを受けて同委員会は決定を覆し、グリホサートは使用継続としたが、パラコートとクロルピリホスについては時期を2020年６月に遅らせたものの、使用禁止とした。

パラコートもクロルピリホスも、日本では普通に使用している農薬であるため、これらが禁止されると、タイへのリンゴなどの輸出を増やそ

図６－１　タイの農薬（殺虫剤、除草剤）禁止をめぐる動向

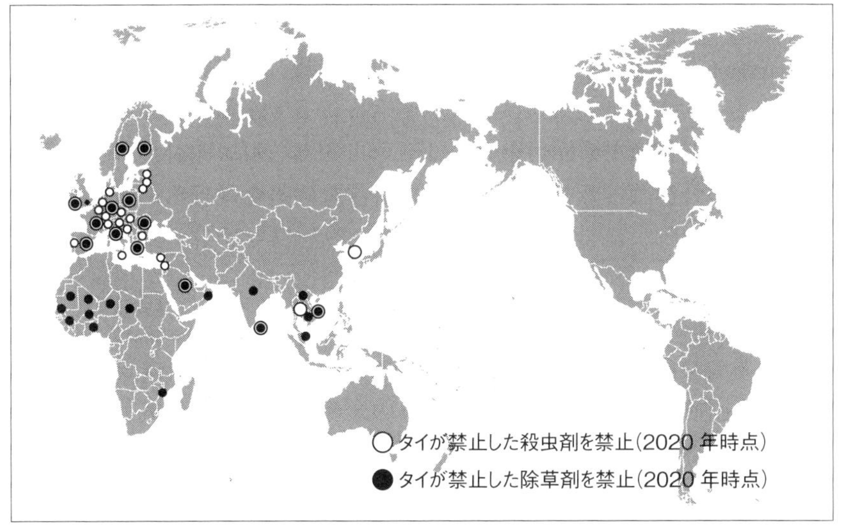

注：資料・NHKクローズアップ現代プラス（2020年10月22日放送）をもとに加工作成

うとしていた日本の農家はタイの通関で止められてしまうことになり、途方に暮れている（**図６－１**）。

NHKクローズアップ現代プラス（2020年10月22日放送）で、リンゴ農家の片山寿伸さんは「ちょっとでも（検査で農薬が）出ればダメだってことでびっくり。日本国内ではわれらが昔から慣れ親しんで、当たり前のように使ってきた農薬」と話し、もともと、できるかぎり農薬を減らしてきたが、禁止される農薬を別の種類に変えることを検討しているが、コストや手間がかかると説明した。

また、「日本は欧米に比べて降水量が倍、日照量が半分だから病害虫が出やすい。病害虫の防除という観点と、残留農薬（の規制）という観点は全く正反対のもので、一方を立てれば一方が立たなくなる。そのバランスをどうとって栽培していくかが、生産者としては難しい」と述べた。

確かに、欧米に比べて「降水量が２倍、日照量が半分」といわれる病

図6－2　農薬規制強化の世界動向

EU 独自のより厳しい基準

国際基準 コーデックス

注：資料・NHKクローズアップ現代プラス（2020年10月22日放送）をもとに加工作成

害虫の出やすい気候条件においては農薬の使用量が増えざるを得ない側面、また、消費者・食品流通業界からも期待・要請される、見た目の美しさの維持のための農薬使用が多くなりがちな側面はある。しかし、欧米ではなく、同じような気候条件のタイなどのアジア諸国でも、農薬の規制強化が進んでいるのである。

今回、タイが使用禁止を発表した殺虫剤（クロルピリホス）は、2019年までは禁止していたのは５か国だったが、2020年には33か国に急増した。さらにタイが今回禁止を発表したパラコート（除草剤）の禁止国は49か国に及んでいる。

世界で強まる農薬規制の背景

こうした動きの先頭を走ってきたのがEU（欧州連合）である。各国は「コーデックス」という国際基準に基づいて農産物ごとに使用してもいい農薬の種類や量を定めるのが原則である。しかし、EUは、2000年代から、健康への懸念や環境への影響を訴える市民の声が高まる中、この枠組み以上に厳しい基準を独自に設定して、基準を引き上げてきた(**図６－２**)。

タイなど、EU向け輸出に力を入れている国々を中心に、その流れに途上国なども追従して規制強化を進めており、それが世界的に広がってきている。結果として日本より厳しい基準になるケースが増えているのである。

グローバル種子・農薬企業をめぐる裁判の波紋

国際的な基準以上に厳しい基準を要求するEU市民の運動の背景には、規制機関に対する信頼の揺らぎがあると思われる。その一つの象徴的な案件は、グローバル種子・農薬企業の販売するグリホサートの裁判である。除草剤のグリホサートの散布に従事した人が、それによってがんを発症したとして訴えたのである。

この裁判で、当該企業が、①早い段階から、その薬剤の発がん性の可能性を認識していたこと、②研究者にそれを打ち消すような研究を依頼していたこと、③規制機関内部と密接に連携して安全だとの結論を誘導しようとしていたこと、などが窺える企業の内部文書（メールのやりとりなど）が証拠として提出された。

企業側は、これらは意図的にごく一部を切り取ったものだと反論している。NHKの取材班への回答は次の通りである。

「文書は原告弁護団が2000万ページ以上の中から意図的に選び出したもので、ラウンドアップが市場に出回っている間のモンサントの行動を代表するものではありません。数々の原告側の申し立ては、独立した専門の規制機関が検証して却下したり、あるいはグリホサート(ラウンドアップの主成分）製品は、それでも安全に使用できると結論づけられました。グリホサート系除草剤は、40年以上も前から世界中で使用され、この種の製品の中で最も厳密に研究されている製品の一つです」

しかし、ここ数年、この除草剤を散布していたことが原因で、がんになったと企業を訴える人が相次いで、企業側の敗訴が続いた。以下に、最初の３例に関する報道を紹介する。

訴訟①除草剤で末期がんに――米モンサントに陪審評決

〈2018年８月11日 AFP通信〉

米カリフォルニア州在住で末期がんと診断されている男性が、がんになったのは農薬大手モンサントの除草剤のせいだと同社を提訴した裁判で、陪審は10日、モンサントに約２億9000万ドル（約320億円）の支払いを命じる評決を出した。陪審は全員一致で、モンサントの行動には「悪意があり」、除草剤「ラウンドアップ」とその業務用製品「レンジャープロ」が、原告のドウェイン・ジョンソンさんの末期がんの「実質的」な原因だったと結論付けた。モンサントは上訴する意向を示した。

８週間の裁判で、サンフランシスコの裁判所の陪審は、懲罰的損害賠償金２億5000万ドル（約280億円）と補償的損害賠償金や、その他の費用を合わせた計約２億9000万ドルを支払うようモンサントに命じる評決を出した。グラウンドキーパーとして働いていたジョンソンさんは、2014年に白血球が関与するがんの非ホジキンリンパ腫と診断された。同州ベニシアにある学校の校庭の管理にレンジャープロのジェネリック製品を使用していたという。

WHOの外部組織である国際がん研究機関（IARC）は2015年にラウンドアップの主成分であるグリホサートを「おそらく発がん性がある可能性がある」物質と指定し、カリフォルニア州が同じ措置を取った。これに基づいて、この裁判は起こされた。

モンサントは声明で「ジョンソン氏と家族に同情する」と述べた一方、「過去40年、安全かつ効果的に使用され、農業経営者らにとって重要な役割を担うこの製品を、引き続き精いっぱい擁護していく」として上訴する意向を示した。

この裁判は、モンサント製品のせいでがんを発症したと提訴し、公判にこぎ着けた最初のケースだった。モンサントが敗訴したことで、最近ドイツの製薬会社バイエルに買収されたばかりの同社を相手取って数百件の訴訟が起こされる可能性が高まったと専門家らは指摘した。

訴訟②米連邦地裁、独バイエルに除草剤訴訟で支払い命令

〈2019年３月29日　日経新聞〉

【ニューヨーク＝西邨紘子】独バイエル子会社の米モンサントが製造した除草剤「ラウンドアップ」の発がん性をめぐる訴訟で、カリフォルニア州連邦地裁の陪審は独バイエルに賠償金など8000万ドル（約88億円）の支払いを命じる評決を出した。発がん性リスクの警告を怠ったことが過失に当たると認めた。バイエルは控訴する方針だ。

同州地裁の陪審は27日、バイエルに賠償金500万ドルと懲罰金7500万ドルの支払いを命じた。原告のがん患者はラウンドアップの長年の使用により悪性リンパ腫を発症したとして、メーカーのモンサントを訴えていた。バイエルは判決を受けた声明で、ラウンドアップの主成分であるグリホサートについて「過去40年間にわたる幅広い科学的な研究と、世界の規制当局による（安全性）支持の重みを覆すものではない」と主張。今後も法廷で争う構えだ。

グリホサートは植物の成長に必要な酵素の働きを阻害する働きを持つ。モンサントが70年代に商品化し、農業用から園芸用まで幅広く使われている。バイエルは18年６月に総額630億ドルでモンサントを買収した。グリホサートの発がん性については内閣府食品安全委員会や米環境保護庁など各国当局が否定的な見解を出してきた。ただ、2015年に世界保健機関（WHO）が同成分を「ヒトに対しておそらく発がん性がある」と分類したことがきっかけとなり、健康被害を訴える訴訟が相次ぎ起こされている。原告数は１月時点で約１万1200人に達した。

訴訟③米モンサントに３度目の賠償命令

〈2019年５月14日　AFP通信〉

除草剤「ラウンドアップ」が原因でがんを発症したとして米カリフォルニア州の夫婦が賠償を求めた訴訟で、州裁判所の陪審は13日、米農薬大手モンサントに対し、約20億ドル（約2200億円）の支払いを命じる評決を下した。原告側の弁護士が明らかにした。

モンサントの親会社のドイツ製薬大手バイエルにとって、ラウンドアップの発がん性をめぐる裁判での敗訴はこれで３度目となる。

化学物質グリホサートを含む除草剤ラウンドアップについて、開発元のモンサントはがんとの関連性を否定し続けている。だがカリフォルニア州では、モンサントがラウンドアップの潜在的な危険性について十分な警告をしなかったとして、2018年と2019年に有罪判決が下っている。

今回の裁判で原告側の弁護士は「モンサントは健全な科学に投資する代わりに有害な科学に大金を投じ、結果、彼らの事業方針を揺るがすことになった」と述べた。

一方バイエルは声明で陪審の評決に失望したと表明し、上訴する意向を明らかにした。さらにバイエルは、米環境保護局がグリホサートを主成分とする除草剤について最近行った審査結果と、今回の評決が食い違っていると主張。「世界の主要な保健規制当局は、グリホサートを主成分とする製品は安全に使用でき、グリホサートに発がん性はないという認識で一致している」と述べた。

しかし、その後も当該企業を訴える人が後を絶たず、その数はすでに10万人以上に上っている。こうした中、あくまで経済的損失を抑えるためとして、企業側はおよそ１兆円で75％の原告と和解しようとしている。

この除草剤については、国際がん研究機関(注１)を除けば、欧州食品安全機構、米国環境保護庁といった多くの規制機関が、発がん性は認められない、としている。しかし、裁判で明らかにされた企業の内部文書や企業敗訴の判決結果が消費者に与えたのは、規制機関に対する消費者の信頼の揺らぎである。特に、EUでは市民運動が高まり、それに対応して消費者の懸念があれば農薬などの規制を強化する傾向が強まっている。(注２)

タイなど、EU向け輸出に力を入れている国々は、EUの動向に呼応して規制強化を進めており、それが世界的に広がってきている。これがアクセルを踏もうとしている日本農産物の輸出拡大の大きな壁になってきたということである。

（注１）WHO（世界保健機関）の外部研究機関である国際がん研究機関（IARC）は2015年３月20日に、除草剤グリホサートを「おそらく発ガン性物質」という２Aのカテゴリーに指定した。この発ガン性物質のカテゴリーは下記のようになっている。
１：ヒトに対して発がん性がある
２Ａ：ヒトに対しておそらく発がん性がある
２Ｂ：ヒトに対して発がん性があるかもしれない
３：ヒトに対する発がん性については分類できない
４：ヒトに対しておそらく発がん性がない
２Aの「おそらく発ガン性がある」と２Bの「発ガン性があるかもしれない」の違いについては、前者は実験動物での十分な証拠があるものであるのに対して、２Bは実験動物での証拠がまだ十分でないものという違いがある。つまり、グリホサートは動物においては発ガン性が確認された、という判定と理解できる。ヒトの発ガン性に関しては証拠が限られたものであり、その証拠が得られた場合には１のグループとなる。

（注２）これは消費者の懸念に対応する形でEUへの輸入を抑制する効果もある。貿易自由化の進展で農産物の関税が下がった分、ルールを強化して「非関税障壁」を高める戦略にもなっている。

検疫で締め出されている日本の農産物

各国が検疫で日本農産物を止めている実態もある。象徴的なのは、ミラノ万博での「かつお節事件」である。かつお節にはカビが生えていてがんになるから使えないと持ち込みを拒否された。中国は「日本の米にはカツオブシムシがいるから薫蒸しないと中国国内には入れられない」

と言っている。

さらには、米国のトランプ大統領と商務長官の電話での会話が漏れ伝わってきた。「米国の食品に大腸菌が入っていたと言って、検疫で突っ返してくる日本はけしからんから、もっと脅して、検疫を緩めさせろ」というような発言を大統領が言ったようである。その米国が何をやっているかというと、豚肉、鶏肉、鶏卵、カキ、サクランボ、ブドウ、モモ、カボチャ、トマト、ピーマン、キャベツ、タマネギ、ニンジンなど数多くの日本の農産物を、虫がいるとか、病気になっているとか言って、米国が検疫で止めている実態がある。みな、実にしたたかである。

日本の検疫が厳しすぎると言いながら、自身が日本農産物を締め出している米国、中国、EUなどの国々になぜ是正を厳しく求めないのか。逆に、「日本の検疫が厳しすぎるから、もっと緩めろ」と言われて、日本は緩めさせられている。このような外交で農産物輸出を伸ばすのは至難の業と思われる。

また、各国は輸出を国家戦略として強化している。米国は日本でも肉や果物の販売促進をやっているが、経費の半分は政府が出している。韓国は輸出向けの「フィモリ」という国家統一ブランドで販売している。諸外国は、実質的な輸出補助金もたくさん使って、戦略的に海外での需要創出を支援していることも認識しなくてはならない。

世界的な食の安全への関心の高まり

諸外国における残留農薬基準値と日本との比較調査結果を農水省が2020年３月に公表した。その意図を農水省は次のように述べている。

我が国におけるコメ、青果物、茶で使用可能な農薬成分の残留基準値が輸出先国・地域と日本とで異なることから、日本の基準値を満たしていても輸出先国・地域の基準値を満たせずに輸出できない場合がある。

コメ、青果物、茶の輸出における残留農薬に関する課題に対して、輸出先国・地域の基準値も踏まえた防除暦等を使用した生産を促進するとともに、輸出先国･地域の残留農薬基準（インポートトレランス）が設定されるよう、輸出先国・地域の当局への申請に必要な各種試験を実施していくこととしている。

その一環として、コメ、青果物、茶の輸出促進を進めていく参考として、主要輸出先国・地域等の残留農薬基準値の設定状況と、我が国の残留農薬基準値とを比較できるように取りまとめた。

輸出を促すため、ブドウなど好評の農産物の残留農薬基準値について、我が国と輸出先国との設定状況を比較調査し、公表

残留農薬基準値の設定状況を比較

調査対象品目は、コメ、リンゴ、ブドウ、モモ、ナシ、柑橘（柑橘類、温州みかん)、イチゴ、カキ、メロン、ナガイモ、カンショ、茶の13品目。

調査対象国･地域は、日本、香港、台湾、韓国、中国、シンガポール、マレーシア、インドネシア、タイ、ベトナム、米国、カナダ、オーストラリア、ニュージーランド、EU、ロシア、アラブ首長国連邦の17か国･地域。諸外国における残留農薬基準値に関する情報として報告され、国際基準（コーデックス）も併せて示されている。

ネオニコチノイドやグリホサート、有機リンなどの残留基準が日本で緩いことは比較的知られていたが、それ以外の農薬もほとんど世界レベルよりは緩いという衝撃の結果となっている。これでは、輸出向けだけ農薬を低減し特別に栽培して、国産向けはそのままでよいという方向性で良いのかが問われるべき段階にあると思われる。

日本では、輸出向けだけに基準クリアのための対応をする傾向があるが、世界的には、タイなど、EU向け輸出に力を入れている国々を中心に、国内消費者も含めて、国全体の基準を厳しく改定しているということであるから、単に輸出対応という理由だけでなく、全体的に食の安全への意識が高まっていることも推察される。
日本の基準が緩いことのもう一つの問題は、海外からの日本への輸入は入りやすくなるということである。
例えば、除草剤は国内では小麦にかける人はいないが、1章でも述べたように米国では、小麦、大豆、トウモロコシに直接かける。それが残留基準の緩い日本に大量に入ってきて、小麦粉、食パン、しょうゆなどから検出されている。畜産物の成長ホルモン投与も日本では認可されていないが、輸入はザル状態なので、米国からの輸入には含まれている。国産牛肉(天然に持っているホルモン)の600倍も検出された事例もある。

EUでの禁止農薬の日本への販売攻勢

農薬自体についても、EUで禁止された農薬を日本に販売攻勢をかけるといったことも起きている（印鑰智哉氏、猪瀬聖氏）。猪瀬聖氏が次のように報告している。
「農薬によってはEU内で使用が禁止されていても製造や輸出は可能で、輸出する場合は当局に届け出なければならない。今回、グリーンピースとスイスの市民団体パブリックアイが、欧州化学物質庁（ECHA）や各国政府への情報公開請求を通じて農薬メーカーや輸出業者が届け出た書類を入手し、国別や農薬別にまとめた。
2018年に届け出された書類によると、EU内での使用が禁止されている「禁止農薬」の最大の輸入国は米国で、2018年の輸入量は断トツの2万6000トン。日本はブラジルに次ぐ3位で、6700トンだった。日本は単純に量だけ見れば米国の4分の1だが、農地面積が米国の1％しかないことを考えれば、非常に多い輸入量とも言える。
欧州やアジアの多くの国や地域では、パラコートだけでなく、除草剤のグリホサートや殺虫剤のネオニコチノイド、クロルピリホスなど、人や自然の生態系への影響が強く憂慮されている農薬の規制を強化する動きが急速に広がっている。国レベルでは規制が緩やかな米国でも、自治体レベルでは規制強化が進み始めている。

そうした世界的な規制強化の結果、行き場を失った禁止農薬が日本に向かったり、日本からそれらの地域に輸出できなくなった農薬が、国内の消費に回されたりしている可能性が、今回の調査から読み取れる。

遺伝子操作の表示なしでは輸出できない

日本からの農産物輸出の阻害要因として、遺伝子操作への表示問題もある。日本ではゲノム編集の表示義務がないので、遺伝子操作の有無が追跡できないため、国内の有機認証にも支障をきたすし、ゲノム編集の表示義務を課しているEUなどへの輸出ができなくなる可能性がある(印鑰智哉氏)。現在、遺伝子組み換えについては、大豆油、しょうゆなどは、国内向けは遺伝子組み換え表示がないが、EU向けには「遺伝子組み換え」と表示して輸出している。

世界における有機農業の急速な拡大

世界的な有機農産物市場の拡大も急速だ。有機栽培はコロナ禍での免疫力強化の観点からも一層注目され、欧州委員会は、2020年５月に「欧州グリーンディール」として2030年までの10年間に「農薬の50％削減」、「化学肥料の20％削減」と「有機栽培面積の25％への拡大」などを明記した。

EUへの有機農産物の輸出の第１位は中国となっている（**表６－１**）。しかも、輸出向けだけ有機栽培を増やす国家戦略なのかと思いきや、最新のデータ（印鑰智哉氏提供）によると、中国はすでに世界３位の有機農産物の生産国になっている。これが世界で起きている現実である。

表６－１　EUへの有機農産物の輸出国

順位	国	量
1位	中国	415 t
2位	エクアドル	278 t
3位	ドミニカ	274 t
4位	ウクライナ	266 t
5位	トルコ	264 t
6位	ペルー	207 t
7位	アメリカ	170 t
8位	UAE	127 t
9位	インド	125 t
10位	ブラジル	72 t
52位	日本	2 t

注：資料・NHKクローズアップ現代プラス（2020年10月22日放送）

民間稲作研究所のメンバーが手がける有機栽培の水田にサギが飛来（栃木県野木町）

国内市場の見直し

我が国でも「有機で輸出振興を」という取り組みも一つの方向性だ。しかし、世界の潮流から日本の消費者、生産者、流通業者、政府が学ぶべきは、まず、世界水準に極端に水を開けられたままの国内市場だ。

除草が楽にできる有機農法などの技術を開発・確立し、一生懸命に普及に努めている人々がいる（民間稲作研究所など）。国の支援が流れを加速できる。

「学校給食の食材に地域の有機農産物を用いよう」という取り組みも多くの人々の尽力で、全国に芽が広がりつつある。[注3] 公共支援の拡充が起爆剤になる。

（注３）有機給食に関連する参考資料
安井孝『地産地消と学校給食――有機農業と食育のまちづくり』コモンズ（2010年３月）
川田龍平「オーガニック給食こそ日本の食を守る一手」毎日新聞（2020年３月10日）
安田節子『食べものが劣化する日本―命をつむぐ種子と安全な食を次世代へ―』食べもの通信社（2019年９月）
吉田太郎『コロナ後の食と農～腸活・菜園・有機給食』築地書館（2020年10月）

「子どもたちの給食を有機食材にする全国集会（山田正彦、堤未果、鮫田晋、稲葉光國、澤登早苗の各氏が講演）」八芳園、2020年9月25日

世界潮流をつくったのは消費者

そして、EU政府を動かし、世界潮流をつくったのは消費者だ。最終決定権は消費者にあることを日本の消費者も今一度自覚したい。世界潮流から消費者も学び、政府に何を働きかけ、流通業界にどんなシグナルを送り、生産者とどう連携して支え合うか、行動を強めてほしい。それに応えた公共支援が相まって、安全･安心な日本の食市場が成熟すれば、その延長線上に輸出の機会も広がる。

輸出だけ有機・減農薬にするという発想でなく、世界の食市場の実態を知ることから足もとを見直すことが不可欠な道筋である。そもそも、国内需要の6割以上を輸入に取られてしまって、輸出だけ叫んでみても意味がない。海外の潮流を国内にも取り込んで、国内需要と輸出とを含めた総合的な需要創出戦略が必要である。

日本の農産物流通業界にも、見た目重視と安全性とのバランスにどう折り合いをつけるのか、真剣な意識改革と具体的対応が求められているのではないだろうか。

持続性のある農林水産業があってこそ食料の安定供給が可能

農産物輸出促進をめぐる議論の虚実

最近は、口を開けば、輸出、輸出と政治・行政サイドから輸出の掛け声が勇ましく聞かれる。「輸出すれば、ばら色だ」と。もちろん、輸出は大事である。農家の皆さんも頑張っておられると思うが、今、輸出で頑張っている農家、輸出でどれだけの所得が上がっているか。相当に輸出を頑張っていても、せいぜい所得の数%である。

ところが、よく大臣などのパーティーでの挨拶は「日本の人口は1億2000万人が5000万人になるので、日本の中に市場はございません。だからこれから農業は、輸出産業として攻めていけばばら色の未来が開けています」といった論調である。どうして、これだけシンプルに言えるのかと感心する。経済官庁系の人の話をよくよく咀嚼してみると、輸出が伸ばせると何が良いか、実は、農家というより商社が儲かる、6次産業化の事業に力を入れるのも、農家でなく一緒に組む企業が儲かるといったように、少し視点が違う場合もあるので、そうした点にも注意が必要である。

そもそも、人口5000万人に合わせた社会システムの構築を急げとか発言する人口問題の専門家には唖然とする。なぜ、それを当然のごとく受け身になるのか。それでは「縮小均衡」しかなく、明るい展望は開けない。大事なことは5000万人にならないようにどうするかを考えることではないか。少し傾いた出生率の「瞬間風速」を何10年も引き延ばしたら大変な予測になってしまうが、少し上向けば、逆に、長期の人口予測は上向きに大幅に変わる。施策次第で将来は大きく変えられる。そのための施策を言わずして、日本には人間がどんどんいなくなるかのような話を前提にするのはナンセンスである。

それから日欧EPAで、ＥＵが関税撤廃してくれて、日本食ブームだからどんどん日本の食品の輸出が伸ばせるかのように言うが、そんな簡単にはいかない。例えば、象徴的なのは、ミラノ万博でのかつお節「事件」である。かびが生えていてがんになるから使えないと持ち込みを拒否された。

一方、中国富裕層（１億人規模）からの高くても安全な日本野菜が買いたいとの減農薬栽培グループへの商談は、国民が国産の価値を十分評価しない中、日本国民を気づかせるためにも取り組む価値がある。

国産農産物の消費者の購買力を高める政策

「鈴木さんの話はわかるが、低所得世帯が増えていて、高くても安全な国産がいいとわかっていても、安い方に手が出てしまう現実をどう改善できるのか」という切実な問いかけが、セミナーなどでしばしば返ってくる。

そこでどうするか。一つのヒントは米国にある。米国の農業法予算は年間1000億ドル近いが、驚くことに予算の８割近くは「栄養(Nutrition)」、その８割はSNAP（Supplemental Nutrition Assistance Program）と呼ばれる低所得者層への補助的栄養支援プログラムに使われている。2015年には米国国民の約７人に一人、4577万人がSNAPを受給している（鈴木栄次http://www.maff.go.jp/primaff/kanko/project/attach/pdf/170900_28cr02_02.pdf）。

SNAPの前身は1933年農業調整法に萌芽を見たフード・スタンプ・プログラムで、1964年にフード・スタンプ法で恒久的な位置づけを得、

2008年にSNAPと改称された。受給要件は、４人世帯の場合は、粗月収で約2500ドル（純月収約2000ドル）を下回る場合は、最大月650ドル程度がカードで支給される。４人家族で純月収が1000ドルだと、650－1000×0.3＝350ドルの支給と計算される。カードは、EBTカードと呼ばれ、EBTの機器を備えた小売店でカードで食料品を購入すると買物代金が自動的に受給者のSNAP口座から引き落とされ、小売店の口座に入金される仕組みになっている。

なぜ、消費者の食料購入支援の政策が、農業政策の中に分類され、しかも８割も占める位置づけになっているのか。この政策の重要なポイントはそこにある。つまり、これは、米国における最大の農業支援政策でもあるのである。消費者の食料品の購買力を高めることによって、農産物需要が拡大され、農家の販売価格も維持できるのである。経済学的に見れば、農産物価格を低くして農家に所得補填するか、農産物価格を高く維持して消費者に購入できるように支援するか、基本的には同様の効果がある。

米国は、農家への所得補填の仕組みも充実しているが、消費者サイドからの支援策も充実しているのである。SNAP政策の限界投資効率は1.8と試算されている。すなわち、SNAPを10億ドル増やすと社会全体の純利益を18億ドル増加させる効果がある。そのうち３億ドルが農業生産サイドへの効果と推定されている。

日本の農業政策にもこうした視点を取り入れるのが有効と思われる。特に、国産農産物の購入にインセンティブを与える形で、こうした消費者支援策を工夫すれば、「鈴木さんの話はわかるが、所得が減って、安全な国産がいいとわかっていても、安い輸入品を選ばざるを得ない現実をどう改善できるのか」という切実な問いかけに答える一つの方策である。「国産」購入の場合のみ使える仕組みにできれば最も効果的である。

食・農の世界でも実際に変えるのは女性の力

「ゆりかごを動かす手は世界を動かす」という諺がある。すべての人は、お母さん、つまり、女性の手で育て上げられる。良い人間に育つか悪い人間に育つかは女性次第。家事も教育も役割分担で、女性に押し付ける意味ではないが、現実には、女性の力が大きい.

毎日毎日、掃除・洗濯・炊事と追いまくられて、その価値を見失いそうにもなるが、その毎日の繰り返しこそが、世界を動かす力を育て上げている（東城百合子『かならず春は来るから』サンマーク出版、2005年)。幸せな社会をつくるのは女性の家事の力。家事の中でも、炊事は、人を育てるいちばんの基本。

TPP11（米国抜きのTPP＝環太平洋連携協定）や日欧EPA（経済連携協定）に続く「TPPプラス」（TPP水準以上）の「自由化ドミノ」で国産の安全でおいしい食材が十分に手に入らなくなったら、社会の幸せは根底から崩壊する。今こそ、豊かな地域社会を守るために、日本女性の底力に期待がかかる。日本の未来を救えるか否かは女性にかかっているといっても過言ではない。

女性の力は農業経営面でも高く評価されている。まず、日本農業法人協会の調べで、女性活躍経営体100選（WAP100）では、2014年の平均売上額が５億2000万円で、全法人の平均（３億2000万円）を２億円も上回った。

また、日本政策金融公庫の「平成28年上半期農業景況調査」では、女性が経営に関与しているグループは関与していないグループと比べて、３年間での経常利益増加率が71.4ポイントも高かった。中でも、「６次産業化」「営業・販売」を女性が担当しているグループは、特に増加率が高かった。さらには、空閑信憲「６次産業化が稲作農業経営体の生産性に与える影響について」（内閣府、2012年）でも、総農業労働時間のうち女性労働力が占める割合が１％上昇すると、生産性が1.09％上昇す

つくば飯野農園（CSA）の消費者会員が野菜の数量を自分で量り、持参したマイバッグに詰めて引き取っていく

飯野恵理さん（つくば飯野農園）が収穫したダイコンを手押し車にのせる（茨城県つくば市）

るという数値が推定されている。

消費者に安全・安心な国産農産物が命・環境・地域・国土を守る重要性を認識してもらうにも、生産サイドの女性たちから消費者サイドの女性たちへの発信と双方向ネットワークの強化が極めて有効と思われる。日本の生産者、特に農村女性は、自分たちこそが国民の命を守ってきたし、これからも守るとの自覚と誇りと覚悟を持ち、そのことをもっと明確に伝え、消費者との双方向ネットワークを強化して、ともに支え合って、地域を喰いものにしようとする人を跳ね返し、安くても不安な食料の侵入を排除し、自身の経営と地域の暮らしと国民の命を守らねばならない。

その意味で、生産者と消費者（とくに女性）の双方向のネットワークの一つともいえる産消提携、さらに生産者と消費者がコミュニティを形成し、リスクを共有して支え合い、分かち合う農業であるCSA（波夛野豪・唐崎卓也編著『分かち合う農業CSA』創森社、2019年）が広がっていくことなどを評価する必要がある。

今こそ、共助・共生システム（農協・漁協や生協）の役割、生産者と消費者の役割、政府のセーフティネットの役割などを包括する食と農と暮らしを守る国家ビジョンを女性の力で確立し実践しよう。そのためには、男性がしっかりと家事も分担して、女性の経営面などでの力が存分に発揮できるようサポートすることも極めて重要だということが上記のデータから得られる示唆である。

食料を握るのが「軍事的武器より安上がり」の認識

国民の命を守り、国土を守るには、どんなときにも安全・安心な食料を安定的に国民に供給できること、それを支える自国の農林水産業が持続できることが不可欠であり、まさに「農は国の本なり」で国家安全保障の要である。そのために、国民全体で農林水産業を支え、食料自給率を高く維持するのは、世界の常識である。食料自給は独立国家の最低条件である。

例えば、米国では、食料は「武器」と認識されている。米国は多い年には穀物３品目だけで１兆円に及ぶ実質的輸出補助金を使って輸出振興しているが、食料自給率100％は当たり前、いかにそれ以上増産して、日本人を筆頭に世界の人々の「胃袋をつかんで」牛耳るか、そのための戦略的支援にお金をふんだんにかけても、軍事的武器より安上がりだ、まさに「食料を握ることが日本を支配する安上がりな手段」だという認識である。

ただでさえ、米国やオセアニアのような新大陸と我が国の間には、土地などの資源賦存条件の圧倒的な格差が、土地利用型の基礎食料生産のコストに、努力では埋められない格差をもたらしているのに、米国は、輸出補助金ゼロの日本に対して、穀物３品目だけで１兆円規模の輸出補助金を使って攻めてくるのである。

ブッシュ元大統領は、食料・農業関係者には必ずお礼を言っていた。「食料自給はナショナル・セキュリティの問題だ。皆さんのおかげでそれが常に保たれている米国はなんとありがたいことか。それにひきかえ（どこの国のことかわかると思うけれども）食料自給できない国を想像できるか。それは国際的圧力と危険にさらされている国だ（そのようにしたのも我々だが、もっともっと徹底しよう）」と。また、1973年、バッツ農務長官は「日本を脅迫するのなら、食料輸出を止めればよい」と豪語した。

さらには、米国ウィスコンシン大学の教授は、農家の子弟が多い講義で「食料は武器であって、日本が標的だ。直接食べる食料だけじゃなくて、日本の畜産のエサ穀物を米国が全部供給すれば日本を完全にコントロールできる。これがうまくいけば、これを世界に広げていくのが米国の食料戦略なのだから、みなさんはそのために頑張るのですよ」という趣旨の発言をしていたという。戦後一貫して、この米国の国家戦略によって我々の食は米国にじわじわと握られていき、TPP合意を上回る日米の２国間協定などで、その最終仕上げの局面を迎えている。

自由化は農家の問題でなく国民の命と健康の問題

農産物貿易自由化は農家が困るだけで、消費者にはメリットだ、というのは大間違いである。いつでも安全・安心な国産の食料が手に入らなくなることの危険を考えたら、自由化は、農家の問題ではなく、国民の命と健康の問題なのである。つまり、輸入農水産物が安い、安いと言っているうちに、エストロゲンなどの成長ホルモン、成長促進剤のラクトパミン、遺伝子組み換え、除草剤の残留、イマザリルなどの防カビ剤と、これだけでもリスク満載。これを食べ続けると病気の確率が上昇するなら、これは安いのではなく、こんな高いものはない。

日本で、十分とは言えない所得でも奮闘して、安心・安全な農水産物を供給してくれている生産者をみんなで支えていくことこそが、実は、長期的には最も安いのだということ、食に目先の安さを追求することは命を削ること、子や孫の世代に責任を持てるのかということだ。

福岡県の郊外のある駅前のフランス料理店で食事したときに、そのお店のフランス人の奥様が話してくれた内容が心に残っている。「私たちはお客さんの健康に責任があるから、顔の見える関係の地元で旬にとれた食材だけを大切に料理して提供している。そうすれば安全でおいしいものが間違いなくお出しできる。輸入物は安いけれど不安だ」と切々と語っていた。

食料・農林水産業政策は、国民の命、環境・資源、地域、国土・国境を守る最大の安全保障政策だ。高村光太郎は「食うものだけは自給したい。個人でも、国家でも、これなくして真の独立はない」と言ったが、「食を握られることは国民の命を握られ、国の独立を失うこと」だと肝に銘じて、国家安全保障確立戦略の中心を担う農林水産業政策を再構築すべきである。

国民が求めているのは、米国のために際限なく国益を差し出すことではなく、自分たちの命、環境、地域、国土を守る安全な食料を確保するために、国民それぞれが、どう応分の負担をして支えていくか、というビジョンとそのための包括的な政策体系の構築である。

あとがき

日本の農家の所得のうち補助金の占める割合は３割程度なのに対して、ＥＵの農業所得に占める補助金の割合は英仏が90％前後、スイスではほぼ100％と、日本は先進国で最も低い。命を守り、環境を守り、地域を守り、国土・国境を守っている産業を国民みんなで支えるのは欧米では当たり前なのである。それが当たり前でないのが日本である。

我が国の食料自給率は38％まで下がっている。海外産が安いからといって国内生産をやめてしまったら、また、種や飼料の海外依存を強めてしまったら、2008年の食料危機のときのように輸出規制でお金を出しても売ってくれなくなったとき、あるいは、コロナ禍の物流停止のような事態が長期にわたって続いたら、日本人はたちまち飢えてしまう。だから、普段のコストが少々高くても、ちゃんと自分のところで安全な食料を生産をしてくれる人たちを支えていくことこそが、実は長期的にはコストが安いということを強く再認識すべきである。

日本は世界の食の安全志向に逆行して安全基準が緩いところを見透かされ、成長ホルモン、遺伝子組み換えなどのリスクがある農産物と禁止農薬の輸出先として格好の標的にされている。食料安全保障には質と量の両面がある。質の安全保障を確保するには量の安全保障、つまり、食料自給率の維持・向上が不可欠なのである。

安いものには必ずワケがある。牛丼、豚丼、チーズが安くなって良かったと言っているうちに、気がついたら乳がん、前立腺がんなどが何倍にも増えて、国産の安全・安心な食料を食べたいと気づいたときに自給率が１割になっていたら、もう選ぶことさえできない。残念ながら今はもう、その瀬戸際まで来ていることを認識しなければいけない。

日本の農産物は買い叩かれている。農家の所得を時給換算すると1000円に満たない。そんな「しわ寄せ」を続け、海外から安いものが入ればいいという方向を進めることで、国内生産を縮小することは、健康を蝕み、地域を壊し、国土を破壊することである。自分の命と暮らしを守るには持続可能な食・農・地域を考えながら、国家安全保障を含めた多様な価値も含む価格が「正当な価格」だと消費者が考えていくかどうかにかかっている。

本書は筆者が著した前書『現代の食料・農業問題～誤解から打開へ～』（創森社、2008年）の後継版ともいえよう。前書は当時の石破茂農水大臣が３度読み返し、「石破農政改革」のベースとして活用されたそうだが、本書も前書同様に政策立案の参考にしていただきたい。それと同時に食料・農業分野に携わる方々はもとより、より多くの皆さんに食料・農業問題の本質と緊要性を理解するのに役立てていただくことを願いたい。

最後になるが、これまで筆者が執筆したものを本書へ転載、収録させていただくことを認めていただいた「生鮮ＥＤＩ」および「時の法令」編集部、また、それらの論考を再整理・補筆して責任編集をしていただいた創森社の相場博也さんをはじめとする編集関係の皆さん、さらに資料・写真などを提供、協力していただいた多くの方々に記して謝意を表したい。

著 者

収穫期の稲穂（新潟県阿賀野市）

収穫直前の小麦（山梨県北杜市）

●

デザイン――ビレッジ・ハウス
資料協力――東京大学鈴木研究室グループ
農民連食品分析センター
アジア太平洋資料センター
CSA 研究会　ほか
写真協力――三宅 岳　舘野廣幸
飯野恵理　唐崎卓也
樫山信也　ほか
校正――吉田 仁

●**鈴木　宣弘**（すずき　のぶひろ）

東京大学大学院（農学国際専攻）教授。

1958年、三重県生まれ。1982年東京大学農学部卒業。農林水産省、九州大学教授を経て、2006年より東京大学教授。98～2010年（夏季）コーネル大学客員教授。2006～2014年学術会議連携会員。専門は農業経済学。日韓、日チリ、日モンゴル、日中韓、日コロンビアFTA産官学共同研究会委員、食料・農業・農村政策審議会委員（会長代理、企画部会長、畜産部会長、農業共済部会長）、財務省関税・外国為替等審議会委員、経済産業省産業構造審議会委員、JC総研所長、国際学会誌Agribusiness編集委員長などを歴任。

主な著書に『現代の食料・農業問題』（創森社）、『食の戦争』（文藝春秋）、『悪夢の食卓』（角川書店）、『食べ方で地球が変わる』（共編著、創森社）、『日本農業過保護論の虚構』（共著、筑波書房）、『農業経済学　第５版』（共著、岩波書店）など。

食料（しょくりょう）・農業（のうぎょう）の深層（しんそう）と針路（しんろ）～グローバル化（か）の脅威（きょうい）・教訓（きょうくん）から～

2021年４月20日　第１刷発行

著　　者――鈴木宣弘（すずきのぶひろ）

発 行 者――相場博也

発 行 所――株式会社 創森社

〒162-0805 東京都新宿区矢来町96-4

TEL 03-5228-2270　FAX 03-5228-2410

http://www.soshinsha-pub.com

振替00160-7-770406

組　　版――有限会社 天龍社

印刷製本――中央精版印刷株式会社

 ISBN978-4-88340-348-6 C0061